生命智能

肖俊杰　主编

上海大学出版社
·上海·

图书在版编目（CIP）数据

生命智能／肖俊杰主编. —上海：上海大学出版社，2022.10
ISBN 978－7－5671－4531－3

Ⅰ.①生… Ⅱ.①肖… Ⅲ.①生命科学②人工智能
Ⅳ.①Q1－0②TP18

中国版本图书馆 CIP 数据核字（2022）第 184957 号

责任编辑　李　双
封面设计　倪天辰
技术编辑　金　鑫　钱宇坤

生命智能
肖俊杰　主编
上海大学出版社出版发行
（上海市上大路 99 号　邮政编码 200444）
（https：//www.shupress.cn　发行热线 021－66135112）
出版人　戴骏豪
＊
南京展望文化发展有限公司排版
上海光扬印务有限公司　　各地新华书店经销
开本 710mm×1000mm　1/16　印张 14.5　字数 220 千字
2022 年 10 月第 1 版　2022 年 10 月第 1 次印刷
ISBN 978－7－5671－4531－3/Q·12　定价　58.00 元

本书编委会

序

　　生命科学的发展大致可以分为两个阶段。第一个阶段是从 18 世纪初至 20 世纪中叶进行的基于博物学研究方法的早期生物学研究。该阶段的研究通过观察不同生物的形态和行为模式,发现了地球上不同生命存在的形式和遗传演化的一般规律,如达尔文的进化理论和孟德尔的经典遗传学。第二个阶段是从 1953 年发现 DNA 双螺旋结构到今天的现代生物学研究。充分利用现代物理和化学方法,在分子、细胞、器官和整体等不同层面上分析生命体的分子组成及其相互作用规律。虽然组学和生物信息学的发展已经实现了对大量数据的分析,但是它们的研究层次和体系仍然局限于某一些特定的体系,并不能跨越生命科学研究的整个维度,因而难以阐述生命现象的本质。

　　自从美国科学家 John McCarthy 在 20 世纪 60 年代提出人工智能这一概念之后,人工智能技术就聚焦于通过模拟人类的思维方式来解决复杂问题,并且经历了推理期、知识期、机器学习期和深度学习期。其中,深度学习源于对神经网络的研究,希望计算机通过模拟人的大脑网络进行工作。从当前深度学习在生命科学领域的应用来看,人工智能技术对于生命科学的研究具有极强的针对性和极大的应用潜力。同时,基于生命科学理论与背景的医学亟须人工智能技术的辅助,以实现疾病防治水平的快速提高。因此,针对当前的医疗形势,加快人工智能在医学领域的创新应用,运用人工智能技术进行医疗模式创新、提高治疗效率,构建智能化、网络化、个性化的医疗体系,是推进医疗均衡发展、促进医疗公平、提高医疗质量的重要手段,也是实现医疗现代化不可或缺的动力和支撑。

　　人工智能的技术属性与社会属性高度融合,是经济发展的新引擎,也是社会发展的加速器。医学人工智能是当今医学发展中的一个重要分支,它为医疗发展的高可及性、有效性和个性化提供了坚实的技术基础和发展潜能。随着医学影像数据、组学数据的不断扩增,人工智能算法模型的不断改进优化,软硬件设备性能的不断提升,越来越多的人工智能技术被应用并落地于临床医学诊疗的场景中,帮助医生提高诊疗效率和诊疗精度。例如,在精准医学的研究中,用深度学习和神经网络建立分子表型(分子水平)、病理表型(细胞和器官水平)以及临床表型(人体水平)之间的关联性和因果关系,基于人工智能支持生物信息技术在组学数据(基因组学、蛋白质组学、代谢组学等)和影像组学研究中的风险评估,通过大规模统计和筛查数据库,回答与疾病相关的关键问题:早期预防/检测、精确诊断、分型及预后措施、个体化治疗靶点。因此,人工智能技术在医疗健康大数据分析与应用领域具有巨大潜力。

　　2018年4月,国家教育部发布了《高等学校人工智能创新行动计划》,大力支持高校开展"人工智能+X"复合型人才培养新模式,引领我国人工智能领域科技创新、人才培养和技术应用示范。大数据驱动的视觉分析、自然语言理解和语音识别等人工智能能力迅速提高,在生命科学领域特别是医学中显示出巨大的发展潜力,对医学影像分析、医疗手术导航、疾病早诊早治等具有重大意义,并且正快速进入实用阶段。将人工智能技术应用于医学实践,并将其发展规律和未来潜力传授给当代大学生,有利于培养"人工智能+X"复合型专业人才。

　　师者,所以传道受业解惑者也。上海大学的肖俊杰教授,在心血管疾病领域造诣极深,是国家级高层次人才、上海市曙光学者,上海市优秀学科带头人、宝钢优秀教师奖获得者。带领团队主讲的"生命智能"本科生课程,荣获2021年度"上海高等学校一流本科课程"、2020年度"上海高等学校市级重点课程"等荣誉称号,并且获得2021年度上海大学校级本科教材建设项目资助。在此课程中,肖俊杰教授及其团队贯彻教育部"人工智能+X"的培养理念,重点讲授了人工智能技术在医学检验、手术治疗、代谢组学等诊疗方面的应用潜力,其中选取了膀胱癌、神经退行性疾病、脊柱外科手术、心脑血管疾病、心理疾病等五种疾病的治疗详细介绍了人工智能技术的优势和潜力,并拓展延伸了在人工智能技术的帮助下,如何系统开展药物研制、人造皮肤和纳米医学等基础研究。肖俊杰教授与他的研究团队总结了教学过程中的经验和教训,编写了《生命智能》,希望能为培养高等教育复合型人才的新模式探路。书中所传递的生命智能的思想,给当代医学人工智能的发展带来了深刻的思考。该教材以生命科学相关专业本科生掌握人工智能研究的基础知识、了解人工智能技术在医学领域的应用为教学目标,以医学应用为切入点,介绍人工智能技术在医疗领域的独特优势,拓宽生命科学相关专业本科生的视野,鼓励学生思考人工智能技术解决临床的具体技术难题和医疗困境,为改善医疗环境、提高医疗资源服务效率提供新方向。

作为上海大学本科生课程"生命智能"的衍生教材,《生命智能》凝结了编委团队丰富的教学和工作经验,为新时代生命学科复合型人才培养与交叉科研范式起到了探幽发微的作用,同时衷心希望同学们在学习该课程的期间为学日益,获得宝贵的乐趣。

张 康

2022 年 8 月 1 日

目　　录

第一章　生物医学检测与智能诊断

本章学习目标

通过本章的学习,你应该能够:

1. 了解生物医学检测的意义和其构成元素。
2. 熟悉核酸相关检测的主要思路和代表性技术。
3. 熟悉蛋白质相关检测的主要思路和代表性技术。
4. 简要概述生物医学检测的智能化发展方向及其特点。

　　春秋战国时期,名医扁鹊见蔡桓公,在蔡桓公病情从轻到重衍变过程中三次提出诊治建议,但是蔡桓公讳疾忌医,并不理睬。有一天,扁鹊见到蔡桓公,转身就走。蔡桓公觉得很奇怪,于是派使者去问扁鹊。扁鹊曰:"疾在腠理,汤熨之所及也;在肌肤,针石之所及也;在肠胃,火齐之所及也;在骨髓,司命之所属,无奈何也。今在骨髓,臣是以无请也。"不久,蔡桓公病入膏肓、体痛而死。(战国·韩非《韩非子·喻老》)

　　这个故事告诉我们,在疾病发生的早期阶段,及时诊断和治疗能够极大地提高疾病的治愈率,从而改善患者的生存质量。"早发现、早诊断、早治疗"这一医学通用法则,适用于各种疾病的临床管理。诊断是治疗的前提,疾病的早期诊断依赖于生物医学检测技术的进步。随着纳米技术、电子科技以及人工智能兴起,生物医学检测呈现出多元化、微型化、集成化和智能化特点,推动了临床智能诊断发展,为保障人类健康而服务。

一、引言

作为客观评价生物体结构与功能变化的内在指标,生物标志物水平的改变反映了机体内部基因功能、蛋白质功能以及代谢功能的生理或病理变化,为疾病的发生与发展提供了重要信息。在常见的临床诊断中,一些疾病生物标志物是核酸分子,例如,冠状病毒和艾滋病病毒是 RNA 病毒,乙肝病毒是 DNA 病毒;另一些疾病的生物标志物是蛋白质,如肿瘤标志物癌胚抗原和甲胎蛋白,心血管疾病标志物心脏肌钙蛋白以及感染性疾病标志物 IgG 和 IgM 抗体等。通过 DNA 或 RNA 检测可以诊断乙肝、丙肝和艾滋病等疾病;通过甲胎蛋白检测可以监测肝癌的发生与发展;通过外周血心脏肌钙蛋白检测可以诊断急性心肌梗死;通过 IgG 和 IgM 抗体检测可以提示病毒感染的不同阶段。因此,核酸和蛋白质检测是临床诊断的依据,也是生物医学检测关注的两大核心问题。

什么是生物医学检测呢?生物医学检测是现代生命科学与医学交叉融合而形成的一门"跨学科"研究领域,通过发展和应用各类传感技术定性或定量检测生理或病理相关的生物标志物,满足生理监测和疾病诊断等实际需求。生物医学检测以转化医学为导向,以临床诊断为目标,通过整合生物、信息、工程和化学等多个学科的技术优势,将基础研究与临床医学有效联系起来,进而推动个性化诊疗技术的发展。近年来,随着纳米技术、电子科技和人工智能等领域兴起,生物医学检测借助明显的多学科交叉优势,呈现出多元化、集成化、自动化和智能化的发展特点,为动态、实时以及个性化的精准医学诊断奠定了基础。本章将从生物标志物筛查和诊断技术入手,学习核酸和蛋白质相关的生物医学检测基础知识,并进一步了解各学科交叉融合背景下生物医学检测在智能诊断领域的发展现状以及未来趋势,从而建立对生物传感和医学诊断的初步认识。

二、生物医学检测的两大利器

(一)病毒核酸检测背后的"秘密武器"

NGS(Next Generation Sequencing)和 PCR(Polymerase Chain

Reaction)是当前病毒核酸检测常用的方法。其中，NGS 是新一代基因测序技术的简称，它首先通过逆转录获取病毒 RNA(Ribonucleic Acid)的互补 DNA(Deoxyribo Nucleic Acid)，即 cDNA(complementary DNA)文库，再通过测序仪对其基因组序列进行测定。另一个技术——PCR，即聚合酶链式反应，是当前核酸病毒筛查的常规技术，也是确诊病毒感染的"金标"技术之一。

1. PCR 的基本原理

1993 年，美国科学家 Kary B. Mullis 因发明 PCR 技术获得了诺贝尔化学奖。什么是 PCR 呢？PCR 是一种核酸扩增技术。其通过模拟 DNA 半保留复制，在 DNA 聚合酶作用下，以一对特异性引物(正向引物和反向引物)作为起点，对目标 DNA 进行指数扩增。PCR 反应体系包括：DNA 模板、耐热 DNA 聚合酶、引物、dNTP(deoxy-ribonucleoside triphosphate)和缓冲液等(见图 1‑1A)。完整的 PCR 循环包括三个步骤(见图 1‑1B)：(1)变性，即通过高温加热(一般为 95℃)断裂 DNA 模板的氢键，使其分开为两条独立单链；(2)退火，即在相对低的温度(一般为 55℃)下促使正向或反向引物与其互补的 DNA 模板单链结合；(3)延伸，即在 DNA 聚合酶作用下催化核酸引物从 5′→3′延伸直至与模板序列完全互补(温度一般为 72℃)。PCR 每一轮扩增得到的 DNA 数量是上一循环末 DNA 数量的两倍，因此，在 2—3 小时内就可以完成目标核酸的数百万倍的扩增。

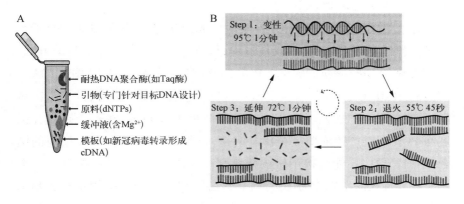

图 1‑1　PCR 原理示意图

1987 年，Mullis 博士所在的 Cetus 公司与 PerkinElmer 公司共同开发推出了第一台热循环仪——TC1 DNA 热循环仪，通过金属模块的程序性升温和降温控制 PCR 循环。1988 年，一种从美国黄石国家森林公园火山温泉的水生嗜热杆菌(*Thermus aquaticus*，Taq)中提取的耐热 DNA 聚合酶——Taq 聚合酶被用于 PCR 体系。Taq 聚合酶相对于早期使用的非耐热 DNA 聚合酶 Klenow 片段，可在 75℃以上的高温环境中保持活性，避免了每一个循环加一次 DNA 聚合酶的手动处理，提高了 PCR 的自动化反应效率。1989 年，*Science* 将 PCR 技术列为年度重大科学技术之首，Taq 聚合酶被评为当年的"年度分子"。1994 年，PCR 进入了"热启动"时代。"热启动"是继热循环仪之后的又一次技术革新。在"热启动"体系中，Taq 聚合酶与抗体结合，从而抑制其在常温条件下的酶活性。在"热启动"阶段(>90℃)，抗体变性失活，DNA 聚合酶活性恢复，启动延伸反应。由于"热启动"具有较好的稳定性，反应体系可以在常温条件下配置，既提升了操作的简便性又降低了非特异性扩增干扰。"热启动"所采用的抑制方式不断变化，包括通过酶活性位点的热不稳定修饰或者核酸适配体应用等。1996 年，PCR 迎来了又一次具有里程碑意义的技术革新——Applied Biosystems 推出了实时荧光定量 PCR。实时荧光定量 PCR，或简称为定量 PCR(Quantitative Real-time PCR，qPCR)，将 PCR 技术从传统的核酸定性分析推进到了精准的定量分析，具有更高的特异性、灵敏性和自动化程度，是目前核酸检测通用的"金标"方法。

2. 实时荧光定量 PCR

什么是实时荧光定量 PCR？实时荧光定量 PCR 就是以荧光分子为信号，实时监测 PCR 动力学反应过程，从而对核酸进行定量分析的方法。荧光染料 SYBR Green I 是定量 PCR 最常用的信号分子之一(图 1 – 2A)。游离的 SYBR Green I 没有荧光信号，但是，结合在 DNA 双链的小沟区域后，荧光信号(激发波长约 497 nm，荧光波长约 520 nm)显著增强，荧光强度与 PCR 双链产物浓度呈正比。但是，SYBR Green I 与 DNA 模板的结合没有特异性，不能直接用于核酸鉴别。与之相对，TaqMan 探针是一类具有特异性核酸鉴别能力的荧光信号探针(图1 – 2B)。TaqMan 探针是两端分别标记荧光基团和猝灭基团的寡聚核苷酸链。当 TaqMan 探针的核酸部分保持完整时,荧光基团与猝灭基团彼此接近,荧光猝灭。随着 PCR 扩增反应发生,Taq 酶的 5′→3′外切酶活性,依次水解结合在 DNA 模板上的 TaqMan 探针,并释放荧光基团,荧光信号增强。每扩增一条 DNA 链就会释放一个游离的荧光基团,因此,TaqMan 探针的荧光信号与扩增产物同步增加。

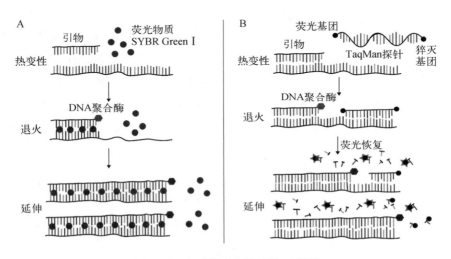

图 1-2 实时荧光定量 PCR 示意图

采用基于 TaqMan 探针的 RT‑PCR(Real-time fluorescence reverse-transcription polymerase chain reaction)是 RNA 病毒检测常用技术。根据 RNA 特定基因序列(如开放读码框 1ab、核壳蛋白基因等),设计特异性正向和反向引物以及对应的 TaqMan 探针,以 RNA 病毒反转录的 cDNA 作为模板,通过实时荧光定量 PCR 检测样本中的病毒核酸(图 1-3)。解读 PT‑PCR 结果前,首先应了解实时荧光定量 PCR 对应的扩增曲线以及其中的几个关键概念,如基线、阈值和循环阈值(Ct 值)等。在最初的数个循环中,PCR 荧光信号变化不大,接近一条直线,这条直线即是基线。一般以起始 3~15 个循环的荧光信号作为基线信号。阈值设定在 PCR 扩增的指数期,是基线信号标准偏差的 10 倍。循环阈值(Ct 值)是具有统计意义的荧光信号显著增长时对应的循环次数,即荧光信号强度到达阈值时对应的循环次数。在指数扩增阶段,Ct 值与目标核酸的起始拷贝数的对数值呈线性关系。实时荧光定量 PCR 可以用于绝对定量,也可以用于相对定量。绝对定量需要先用不同浓度的标准品绘制 Ct 值与浓度关系的标准曲线,因此,对标准品有较高的纯度要求且操作较为烦琐,并不常用。相对定量一般选取内源性表达恒定的基因(即内参基因)作为参照,获取目标核酸相对表达量的变化信息,操作更为简单,因而使用普遍。相对定量包括比较 Ct 法和标准曲线法两种,比较 Ct 法即比较目标核酸和内参基因 Ct 值,标准曲线法即构建内参基因和目的核酸相对定量标准曲线。其中,使用比较 Ct 法时,目标基因和内参基因的扩增效率应该相当。病毒核酸 RT‐PCR 检测主要依赖于其扩增曲线进行结果判断:无 Ct 值、S 形扩增曲线时为阴性;Ct 值小于等于检出限且有 S 形扩增曲线时为阳性。

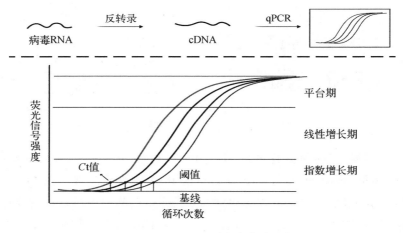

图 1‐3　RT‐PCR 检测病毒核酸示意图

3. 核酸扩增技术发展

数字 PCR(Digital PCR)技术是实时定量 PCR 技术之后发展起来的第三代 PCR 技术,可用于复杂临床样品中少量核酸的绝对定量分析。数字 PCR 在常规定量 PCR 基础上增加了样品分散步骤,通过微流体通道、微液滴或微流体芯片等将核酸分子分散至数万个微反应器中,从而获得扩增所需的"单分子"。在独立的微反应室中,每个核酸分子独立完成 PCR 并产生荧光信号。数字 PCR 对每个微反应室的荧光信号进行计数,通过直接计数或者泊松分布公式计算出核酸的绝对浓度(图 1-4)。数字 PCR 不依赖于扩增曲线的 Ct 值和内参基因,因而不受扩增效率影响,可以直接用于核酸的绝对定量;数字 PCR 将 PCR 反应分割成数万个单独小液滴,极大提升了检测的灵敏性且不易受到外界环境干扰,具有很好的准确度和重现性;数字 PCR 可以精确地检测到核酸片段的细微差异,特别有助于对病毒载量极低的患者进行快速精准排查。但是,数字 PCR 也存在缺点,如操作相对复杂、仪器和试剂比较昂贵等。

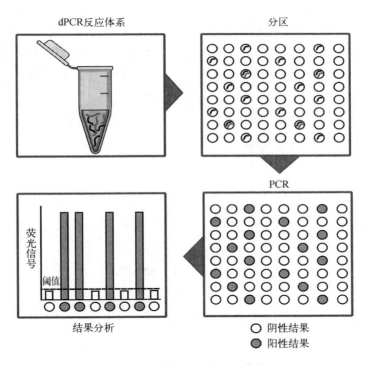

图 1-4　数字 PCR 流程示意图

　　除了 PCR 外,等温扩增反应始终维持恒定的温度,可通过添加等温扩增酶和特异引物实现快速扩增,在临床快速诊断中表现出良好的应用前景。等温扩增技术大致可以分为三类:(1)指数扩增,如环介导核酸等温扩增 LAMP(Loop-mediated isothermal amplification)等,其一般需要两条以上引物,有时还需要除 DNA 聚合酶之外的其他蛋白酶参与;(2)线性扩增,如滚环扩增 RCA 等,具有较指数扩增更为简便的反应体系且不易受非特异扩增影响;(3)级联扩增,如链置换扩增或滚环扩增介导的组合级联扩增等,具有较指数扩增更高的灵敏性。以滚环扩增(Rolling Circle Amplification, RCA)为例(图 1-5)介绍等温扩增技术。RCA 是借鉴病原微生物环状 DNA 延伸方式而建立的,在恒温条件下,一条引物结合到环状 DNA 模板表面并在等温 DNA 聚合酶作用下延伸,产生含有大量重复序列的线状 DNA 单链。此外,一些无酶核酸扩增技术也在生物医学检测领域备受瞩目,例如杂交链反应(Hybridization Chain Reaction, HCR)。HCR 是利用核酸链竞争杂交的无酶扩增方式。靶标 DNA 与发夹探针 DNA-1 杂交改变其发夹结构,而暴露出的单链序列进一步打开发夹探针 DNA-2,以此循环,最终形成一条长的双链 DNA 产物。虽然在无酶扩增反应中并没有真正生成新的核酸产物,但是一条促发链能引导形成一条"无限延伸"的核酸长链,有利于信号分子的聚集,从而满足生物医学检测信号的放大需求。

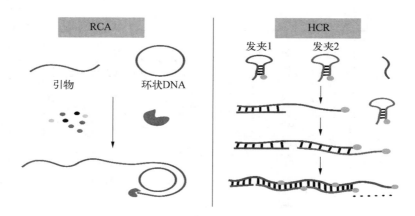

图 1-5　RCA 和 HCR 原理示意图

(二)蛋白质检测背后的"秘密武器"

蛋白质是生物体的重要组成部分,根据中心法则,蛋白质是 DNA 翻译的产物,是有机体内生物功能的执行者。蛋白质标志物是最为常见的生物标志物,蛋白质异常表达与多种人类疾病密切相关,例如,癌症和心血管疾病等重大疾病。生物医学检测中,很多技术手段的发展都源于蛋白质检测的需求。本章从经典的蛋白质检测方法——ELISA,即酶联免疫吸附分析方法(Enzyme-linked immunosorbent assay,ELISA),认识蛋白质检测的生物医学方法。

1969 年,法国科学家 S. Avrameas 尝试将抗体和抗原等蛋白质大分子与酶(如碱性磷酸酶或葡萄糖氧化酶等)连接,发现酶标记的抗原和抗体既保留了酶的催化活性又具有抗原和抗体的免疫识别特性,因而可以作为组织病理学工具,用于抗原或抗体的免疫荧光分析。受此启发,Peter Perlmann 和 Eva Engvall 于 1971 年发表了第一篇关于 ELISA 的论文,以碱性磷酸酶作为催化信号,通过简单的比色法定量检测兔血清中 IgG 抗体。20 世纪 80 年代,Boehringer-Mannheim 公司和 Abbott 公司率先研制出一种全自动检测分析仪器——酶标仪。自此之后,ELISA 的应用覆盖了实验室研究到临床诊断,成为蛋白质检测的"金标"方法之一。

1. ELISA 的基本原理

ELISA 是一种免疫分析方法。"免疫分析"是一种以抗原-抗体识别与结合为基础的分析方法。(1) 什么是抗原? 抗原是能够刺激机体发生免疫应答并能与其产物结合的分子。完整的抗原需要同时具有诱导机体发生免疫应答的能力和与免疫应答产物结合的能力,也就是同时具有免疫原性和抗原性。如果具有抗原性而无免疫原性,那么这个分子就被称为半抗原或不完全抗原,而半抗原与蛋白质结合后可以获得免疫原性,又转变为完全抗原。决定抗原性的化学位点称为抗原决定簇。一个天然的抗原可以含有多个不同类型的抗原决定簇,也可以含有多个同一类型的抗原决定簇。大部分抗原决定簇位于抗原表面,但也有一些位于抗原内部,需要经过酶处理才暴露出来。(2) 什么是抗体? 抗体是在抗原刺激下,由 B 淋巴细胞或记忆细胞增殖分化形成的浆细胞所产生的、能与抗原特异性识别并结合的免疫球蛋白。根据 ELISA 的应用,抗体可以分为第一抗体和第二抗体两类。第一抗体,即一抗,是能和抗原特异性结合的抗体,属于"抗原的抗体";第二抗体,即二抗,是由异种动物免疫系统产生、针对抗体来源的抗体,属于"抗体的抗体"。根据识别位点不同,ELISA 抗体又可以分为单克隆抗体和多克隆抗体。单克隆抗体是由单一 B 细胞克隆产生、能高度均一识别并结合在某一特定抗原决定簇的抗体,而多克隆抗体是由浆细胞合成、可以特异性识别并结合多个抗原决定簇的一组抗体,属于抗体的"混合物"。

    ELISA 的关键在于"酶联"和"吸附"。"酶联"和"吸附"都是针对所使用的抗原或抗体的相应表现状态。(1)什么是"酶联"?"酶联"指的是将抗原或抗体与特定的酶结合而制备的酶标记抗原或抗体。酶联抗体/抗原既保留了抗原或抗体的免疫活性,又保留了酶的高催化活性。ELISA 常用酶为具有高稳定性、高催化活性、低成本的辣根过氧化物酶(Horseradish Peroxidase, HRP)和碱性磷酸酶(Alkaline Phosphatase, ALP),而商业化 ELISA 试剂盒中常用 HRP 及其底物四甲基联苯胺(Tetramethylbenzidine, TMB)作为配套试剂。(2)什么是"吸附"?"吸附"是指在固相载体表面发生整个免疫分析过程,因此,反应所需的捕获抗原或抗体应该首先固定在固相载体表面,形成固相抗原或抗体。与酶联抗体/抗原相似,固定化抗体/抗原需要保持原有的免疫活性。在 ELISA 检测中,受检标本(抗体或抗原)和酶标抗原或抗体通过与固相抗原或抗体反应结合在载体表面,有利于靶标分子与溶液中其他干扰物质分开。抗原和抗体的高度专一性识别与结合保证了检测的高特异性,而标记酶的高催化效率促进了底物转化以及颜色变化,保证了检测的高灵敏性。

    ELISA 不仅可用于测定抗原,也可用于测定抗体。如何应用 ELISA?(图 1-6)。(1)双抗体夹心法:检测抗原最常用的方法,适用于测定含有两个以上的抗体结合位点的大分子抗原。固相抗体、酶标抗体和抗原在固相表面形成"三明治"结构,因而,载体表面的标记酶数量与样本中受检物质的浓度呈线性关系。为了避免同种抗体竞争干扰检测结果,包被固相载体和标记酶的抗体应该来源于两种不同种属的动物或者针对抗原的不同决定簇位点。(2)间接法:检测抗体的常用方法。间接法的优点在于只要更改包被固相载体的抗原种类,就可以满足不同抗体的检测需求。间接法的灵敏性容易受到抗原纯度的影响,因此,应该在抗原包被固相载体后用非特异性蛋白(如牛血清蛋白、酪蛋白等)封闭固相载体的空余位点,降低非特异性吸附的影响。(3)竞争法:适用于因位阻或结合位点限制而不能使用双抗体夹心法的小分子抗原或半抗原。当固相抗

体的结合位点少于酶标抗原和靶标抗原的总数时,受检样本的靶标抗原
会与酶标抗原竞争结合固相抗体,因此,固相载体表面结合的酶标抗原浓
度与靶标抗原浓度成反比关系,即靶标抗原浓度越高,酶催化的显色结果
越浅。ELISA 检测病毒特异性血清抗体时可以采用间接法和双抗原夹心
法。在间接法中,微孔板表面固定的病毒抗原、血清抗体和酶标抗体(如
辣根过氧化物酶)结合形成复合物结构,而在双抗原夹心法中,固相抗原、
酶标抗原和血清抗体形成复合物结构。

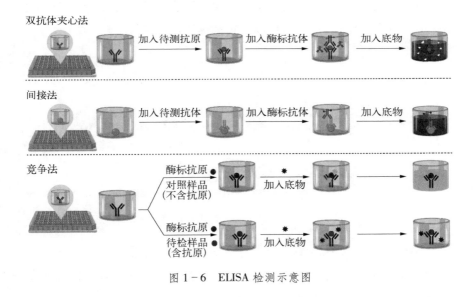

图 1-6　ELISA 检测示意图

2. 其他病毒血清抗体检测技术

化学发光免疫分析是在 ELISA 基础上发展起来的新型免疫分析技
术。与 ELISA 中采用酶催化产生的比色信号不同,化学发光免疫分析是以
物质在化学反应过程产生的光辐射作为定量信号的,其具有高灵敏性、操作
简便、响应速度快等优点。刑侦中对现场血液痕迹鉴定使用的"发光氨",
即鲁米诺发光,就是采用化学发光的原理。2020 年 2 月末,中国疾控中心
批准了磁微粒化学发光法试剂盒用于病毒血清 IgG/IgM 抗体检测,而同年,
美国食品药品监督管理局(Food and Drug Administration, FDA)紧急授权了
多款基于化学发光免疫分析的病毒血清抗体检测试剂盒。

本章以磁微粒化学发光法为例简要说明化学发光免疫分析的原理。相较于微孔板,磁微粒借助磁场作用分离靶标分子,更有利于减少血清其他成分的干扰,降低背景信号,提高检测的特异性。磁微粒化学发光法依旧采用间接法或者双抗体夹心法的反应模式。病毒重组蛋白标记的磁微粒取代了微孔板作为固相界面识别并结合血清抗体。用碱性磷酸酶(ALP)标记抗体,经过 ALP 催化底物 AMPPD 去磷酸根反应,生成不稳定的中间产物 AMP - D;AMP - D 分解时生成单线态激发产物,在回到基态时以特定波长(约 470 nm)的光辐射形式释放能量;发射光的光强度与血清抗体浓度呈一定比例关系,可以对靶标抗体进行定量分析(图 1 - 7)。

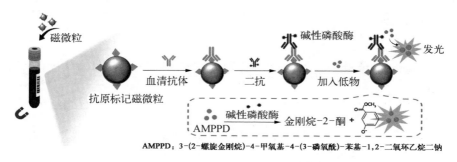

AMPPD:3-(2-螺旋金刚烷)-4-甲氧基-4-(3-磷酸氧酰)-苯基-1,2-二氧环乙烷二钠

图 1 - 7　磁微粒化学发光法工作原理示意图

胶体金法,即胶体金侧流免疫层析法。1984 年,诞生了利用侧流试纸制作的验孕试纸,通过尿液就可以在家检测早早孕,成为即时检测(Point-of-Care Testing, POCT)最为成功的商业模型。在胶体金法中,用红色的金纳米颗粒取代酶标记抗体,因此,通过观察测试条带区域(T)的颜色变化,可以快速判断出人绒毛膜促性腺激素(HCG)为阳性还是阴性,从而确定是否处于妊娠状态。如图 1 - 8 所示,将尿液加入检验卡的加样孔中,在醋酸纤维膜的毛细作用推动下,样本和结合垫部分的胶体金标记的鼠抗人 HCG 抗体共同向前移动;在检测线(T)区域,表面固定的鼠抗人 HCG 抗体与尿液中的 HCG 以及纳米金标记的 HCG 抗体结合,检测区域因此变为红色;在质控线(C)区域,纳米金标记鼠抗人 HCG 抗体与表面固定的羊抗鼠 IgG 抗体结合而呈现红色。质控区域应该始终保持红色,证明侧流层析过程正常。胶体金法操作简单、便于携带。

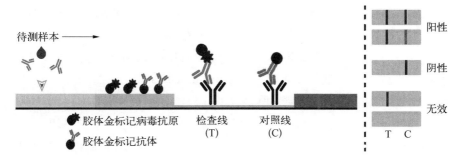

图 1-8　胶体金侧流免疫层析法检测原理示意图

三、基于生物医学检测的智能诊断发展

随着纳米技术、电子工程、人工智能等现代技术的不断发展,生物医学检测逐渐向自动化、集成化、智能化发展,在保障高特异性前提下,不断提升检测的灵敏性和操作的便捷性,减少医务人员经验等主观因素带来的诊断误差,从而克服医疗资源分布不均衡带来的诊断局限性,最终实现智能诊断目标。本章最后部分将人工智能、微流控和柔性可穿戴设备等相结合,来了解当前智能诊断的发展趋势。

(一)基于机器学习的智能诊断发展

人工智能(Artificial Intelligence, AI)的概念最早起源于计算机科学。人们希望以计算机技术为基础,构建出具有人类智慧的复杂机器。然而,尽管"人工智能"这一概念在 20 世纪 50 年代就已经被提出,但是一直到 2012 年人工智能才开始进入暴发期。这主要得益于数据量的增长、计算机运算能力的提升以及新的机器学习语言的出现。什么是机器学习?机器学习是由概率论、统计学、近似理论和复杂算法等多门学科形成的交叉领域,是目前实现 AI 最有效的方法之一。机器学习通过解析大量数据,获取有效信息,改善算法,进而对现实事件作出合理推测和判断。其中,深度学习(Deep Learning, DL)就是基于大数据和计算能力提升发展起来的机器学习语言。深度学习通过大数据训练,建立类似人脑的多层神经网络,进而模拟人神经元处理信息的方式,赋予机器理解和操作数据的能力,包括图片、文字和语音等。随着医学健康大数据的不断发展,机器学习,特别是深度学习,开始用于生物医学检测,引导诊断的智能化发展。2019 年,谷歌公司的研究人员在 *Nature medicine* 上发表了一篇介绍了基于深度学习模型的肺癌诊断技术的论文。根据美国癌症协会数据统计,在高危人群中进行低剂量 CT(Computed Tomography)筛查,可以有效降低 14% 到 20% 的肺癌死亡率,但是,CT 读片主要依赖于放射科医生的实际工作经验,因而在医疗资源相对短缺的地区难以推广。基于深度学习的肺癌筛查模型经过了 42 290 张 CT 图片训练,在 6 716 例肺癌早期筛查中表现出了卓越的诊断能力,同时,在 1 139 例独立验证实验中也体现出与放射科医生相当的 CT 读片和肺癌筛查能力。因此,基于深度学习的肺癌筛查模型可以通过自动化和智能化操作提高早期肺癌诊断的准确性和一致性,减少了对读片人员的经验要求。在另一个工作中,研究人员通过 17 322 例非小细胞肺癌患者的访问和测试数据训练,构建了基于深度学习的生存神经网络模型,发现相较于依赖肿瘤、淋巴结和转移阶段等数据,生存神经网络模型在预测肺癌生存期方面具有更高的可靠性,而接受智能诊断推荐治疗的人群相较于未接受推荐治疗的人群具有更好的生存率,展示了深度学习算法在生存预测和个性化治疗方面的应用潜力。

虽然 CT 诊断能较为简便地分辨病毒性肺炎患者与健康人或肺癌患者,但是却难以区分其与其他肺炎患者,如社区获得性肺炎,因而对放射科医生提出了挑战。研究人员通过将 AI 技术整合到放射科医生的常规工作流程中,构建了一种特定的 3D(3 - Dimension)检测神经网络,不仅可以高效诊断病毒性肺炎患者,还可以有效区分病毒性肺炎、社区获得性肺炎和非肺炎等不同患者。基于深度学习的 CT 图像分析工具在 4 356 例 CT 数据分析中表现出对病毒性肺炎鉴别的高灵敏度和特异性(分别为 89.76% 和 95.77%)。除了与 CT 影像诊断结合,基于深度学习的 AI 也开始尝试与一些常规的生物检测技术结合。研究人员进一步提出了基于深度学习的拉曼光谱法,能够有效、准确地识别海产品和环境中的细菌病原体。拉曼光谱法是一种生物医学检测中常用的定性和定量分析方法,其利用的就是拉曼散射原理。一般的散射,包括丁达尔散射和瑞利散射,仅仅表现为光传播方向的改变,其波长没有变化,属于弹性散射范畴。1928年,印度物理学家拉曼(C. V. Raman)发现了一种特殊的散射现象,其散射光方向改变的同时伴随着光频率改变,属于非弹性散射范畴,命名为拉曼散射。拉曼光谱是一种重要的结构鉴定技术,与红外光谱互为补充,同时,也是一种高灵敏的定量检测技术,如表面增强拉曼光谱法(Surface-enhanced Raman spectroscopy,SERS)等。如图1-9所示,通过深度学习收集不同细菌的拉曼光谱数据,根据拉曼光谱数据在不同波长区域的分布特点,全面评估细菌的拉曼光谱特征信息。基于深度学习的拉曼光谱法能够在几秒内通过无培养方式快速扫描和识别样本中的每一种细菌,不仅能够满足识别的特异性要求(准确率达94%以上),而且具有比正常卷积神经网络模型更快、更准确的鉴定能力。虽然机器学习在生物医学检测中的应用时间并不长,但随着精准医疗愈发受到重视,以深度学习为代表的 AI 结合医学大数据发展,可以有效地提高数据分析的可靠性和准确性,同时也降低了对专业人员的经验要求,为医学快速诊断和智能诊断带来了新的思路。

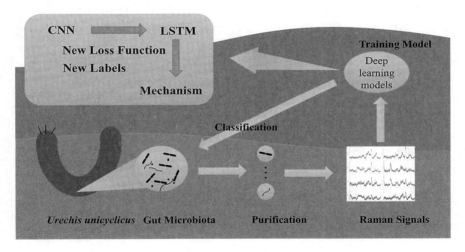

图 1-9 基于拉曼光谱和深度学习的病原体检测模型

注:引用自参考文献(S X Yu et al., 2021),版权经 American Chemical Society 许可。

(二) 基于微流控的智能诊断发展

什么是微流控? 微流控(Microfluidics)是一项新兴技术,它能在微纳米尺度空间对微量流体(体积为 10^{-9} 至 10^{-18} L)进行精确操控。微流控技术在面积极小(通常为平方厘米级)的基底表面设计并构筑尺寸为数十至数百微米的微型通道,通过电水力泵和电渗透等驱动力形成并操控微流路,完成样本制备、捕获、分离以及检测等诸多过程,相当于构建了一个微型的生物化学实验室。因此,集成化的微流控芯片又被形象地称为芯片实验室(Lab-on-a chip)。微流控芯片可以与多种检测技术相连,相较于传统检测技术具有显著的优势,例如,反应面积小,所需的样本量少,反应时间短;通道设计允许多样本同时分析,满足高通量检测需求;制造价格相对低廉,可有效降低检测成本;适用目标广泛,涵盖核酸、蛋白、单细胞甚至细胞器等。微流控芯片加工技术日趋成熟,从最初的丝网印刷、喷墨打印发展到3D打印、飞秒激光加工,从简单的纸、玻璃拓展到了水凝胶、聚合物以及纳米新界面,在集成化、自动化检测方面展现了广泛的应用前景。

微流控中常用的基底材料——纸,被应用在生物医学领域已有相当长的历史。早在20世纪40至50年代,纸就被用于色谱和电泳研究。到了80年代,随着ELISA的兴起,各种检测试纸商业化生产并推广使用。2007年,美国哈佛大学George Whitesides教授课题组完成了一项先驱性工作——制作微流控纸基分析设备。作为微流控基底,纸具有价格经济、生物相容性好、易修饰、易于印刷、便于携带等优点,同时,其疏松多孔结构可以通过毛细作用推动液体样本运输。更重要的是,纸基微流控芯片可以和不同的生物医学检测体系结合,如ELISA。2019年,研究人员结合拉力陀螺和纸基微流控-ELISA技术,报道了一种便捷的IgA/IgM/IgG抗体定量检测方法,用于病毒诊断(图1-10)。纸基微流控芯片包含两层结构:底层含有两个不连续的六通道(H、I、J、K、L、M和H'、I'、J'、K'、L'、M')和六个环形反应区;顶层包括两个控制纸基装置"连接"或"断开"状态的长臂装置。环形反应区域是固定了病毒受体结合区域(Receptor-binding Domain, RBD)的免疫反应区,可以完成抗体捕获、非特异性部位封闭和多次清洗等反应流程。当旋转纸基长臂装置与底层芯片接触时,该长臂装置通道可以与中间环形反应区连接。此时,纸基装置从"断开"变为"连接",液体从H、I、J、K、L、M通道流向对应的H'、I'、J'、K'、L'、M'通道,完成ELISA反应并带走残留物质完成自动清洗过程。在辣根过氧化物酶催化TMB反应后,利用智能手机对纸基芯片拍照,通过免疫条带的灰度值就可以对血清抗体进行定量检测。该纸基微流控芯片不需要特殊仪器,仅通过智能手机拍照就可以完成诊断检测,具有简便、快速且高通量的优点。

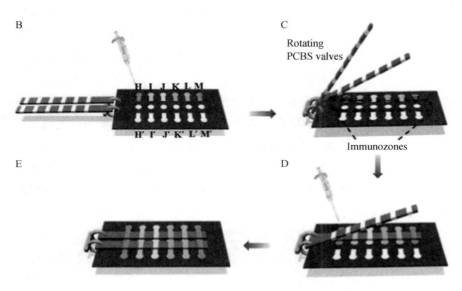

图 1-10 纸基微流体检测病毒血清抗体示意图

注:引用自参考文献(F W Gong et al., 2021),版权经 American Chemical Society 许可。

价格低廉的玻璃和聚合物材料也经常被用于制作微流控芯片。玻璃具有光学背景低、生物相容性好以及便于化学修饰的优点,可以通过干法刻蚀或湿法刻蚀在其表面刻蚀形成流体通道;聚合物材料具有独特的柔性结构、紫外光穿透能力,可以在模具表面堆叠形成多层结构,满足复杂流体设计和后期表面加工需求。研究人员借助聚合物基底制备了一种便携式的病毒血清抗体定量分析即时检测设备,可以在 60 分钟内完成 60 μL 血液样本(全血或血清)中的多重抗体检测。该微流控平台以聚甲基丙烯酸寡聚乙二醇酯(POEGMA)为基础,采用"双抗原夹心法"对血清抗体进行定量检测。通过喷墨打印将病毒特异性抗原(包括核壳蛋白、刺突蛋白 S1 结构域和 S1 的受体结合区等)固定在基底表面形成稳定且分散的捕获点,进而捕获血清抗体并与荧光标记抗原形成复合结构,产生荧光检测信号。相对于开放型平台需要多次冲洗的局限性,重力和毛细作用驱动的 D4‑DA 微流控芯片具有更高的自动化程度。通过将精密激光切割的丙烯酸和粘合片固定在功能化的 POEGMA 表面,微流控芯片可以分割出反应室、定时通道、样品入口、缓冲液储存区和吸水垫等不同区域,并可自动完成样品孵育、去除、清洗和干燥等步骤。微流控芯片较高的自动化反应简化了操作步骤,提高了反应效率,且能够在 60 分钟内完成反应,并通过定制的便携式荧光检测器 D4Scope 读取芯片表面的荧光信号。这个便携式即时检测设备不仅可以用于多个血清抗体的定量检测,还可以用于预后标志物——IP‑10(干扰素 γ 诱导蛋白 10)的定量检测。具有高度集成化特点的微流控芯片在分离和检测方面具有独特的优势,其自动化反应特点简化了操作步骤,对操作人员和操作环境更为友好,甚至能够在单细胞水平上完成特定分析和筛选工作,因而有助于推进高通量的个性化智能诊断发展。

(三)基于柔性可穿戴设备的智能诊断发展

随着材料科学、生物医学、电子工程等学科交叉融合,基于柔性材料的可穿戴生物传感设备成为智能诊断家族中的另一亮眼"新星"。柔性,来源于英文 flexible。柔性可穿戴设备通常采用具有内在延展性的聚合物以及具有导电性的水凝胶、离子胶、介电弹性材料等作为基底材质,通过印刷工艺(如喷墨打印、丝网印刷、软刻蚀等)设计并制造可折叠的轻质电子电路,满足生物传感需求。相对于传统的生物检测设备,柔性生物传感器具有小型化、便携化以及智能化的特点,凭借其人体工程学设计和自愈性特点,可以直接贴合在皮肤甚至器官表面,也可以附着在日常穿戴设备表面,如隐形眼镜、牙套、耳环、耳机等,实现生理或病理标志物(如代谢产物、pH、脉搏和血压等)的在体、实时、动态监测。目前,可穿戴传感设备主要依托的检测技术是电化学传感技术。电化学传感技术是一种经典传感技术,它以氧化还原反应产生的电子传递为基础,以化学电池中的电极电位、电量、电流以及电导等物理量为参数,对特定分子进行定性和定量分析。电化学传感技术作为常用的一种生物医学传感技术,具有高灵敏性、高准确性、高选择性、操作简便、价格经济等优点以及易于小型化、便携化的发展潜能。随着短距离通信技术——近场通信技术(Near Field Communication, NFC)发展,将 NFC 模块和电化学传感模块整合在一起,可以在电化学检测的同时完成数据的同步传输,进一步促进了生物医学检测设备的集成化和智能化发展。

近年来,可穿戴设备不断整合新的技术方案、软件服务和数据服务,拓展了其在健康监测方面的应用。例如,新生儿黄疸是一种新生儿的常见疾病,约80%的婴儿出生后一周内会发生生理性高胆红素血症,严重的新生儿黄疸可能会导致婴儿的脑部损伤,因此,已有研究人员发明了一种可以动态监测婴儿胆红素水平的可穿戴设备。该设备整合了四个 LED 光源(波长分别为 460 nm、570 nm、640 nm 和 950 nm),通过测定其特征吸收情况,同时监测经皮胆红素、氧饱和度和心率等生理指标变化。通过蓝牙与智能终端(如智能手机或个人电脑)相连,可穿戴设备实现了数据的同步传输与分析,并在临床试验中证明了可用于新生儿黄疸以及光动力学治疗的动态、连续监测。有机遇也有挑战,可穿戴传感器也面临着不少的发展挑战。首先,生物体与设备的完美契合需求对基底材料的弹性或伸缩性、安全性、舒适性和生物相容性等提出了更高的要求,需要丰富检测设备的佩戴形式,以应对不同的应用场景;其次,可穿戴设备的动态监测需求对精准的数据输出和分析系统提出了更高的要求,需要将可穿戴设备与各种智能终端结合,在保证数据输出及时性和准确性的同时,提高数据分析的便利性和多样性;再次,疾病诊断的个性化需求对能量系统和检测系统的针对性提出了更高的要求,需要发掘健康人与病人之间的生化指标差异,发展混合能量采集器以及更佳分析性能的传感体系,已满足不同个体的精准监测需求;最后,长期、持续的监测需求对自供能的可穿戴设备提出了更高的要求,需要通过从体液(如汗液等)收集和储存能量,实现自我供能,这也是其智能化发展的必然趋势。不同于微流控和 AI 对特定疾病诊断的需求,可穿戴传感器更关注有利于人类大健康的日常监测,从"治未病"角度,将智能诊断渗入到日常生活中,发展智能穿戴设备,通过最终动态、实时、持续监测,预防疾病的发生并提高疾病的早期发现概率。

小结

健康中国战略。强调"人民健康是民族昌盛和国家富强的重要标志。

要完善国民健康政策,为人民群众提供全方位全周期健康服务"。无论是"精准医疗"还是"健康中国",都是建立在生物医学飞速发展的基础上的。诊断是治疗的最为重要和关键的前提条件,而诊断也是生物医学检测研究转化的实际成果。随着纳米技术、电子技术和 AI 等领域日新月异,生物医学检测技术借助其学科交叉优势,不仅通过不断的技术革新和融合使经典检测技术,如 PCR 和 ELISA,焕发出新的活力,而且还涌现出了越来越多的新技术,在不断提高检测灵敏性的同时,朝着小型化、集成化和智能化方向发展,为临床智能诊断铺平道路,例如,基于碱基互补配对原理的 DNA 分子计算,借助 DNA 高密度的信息储存能力和平行计算能力,推进了多参数同时分析的精准疾病诊断。可以预期,在不久的将来,智能诊断将切实提高临床诊断的及时性、准确性和有效性,为疾病管理提供更为合理的个性化和精准化的治疗方案,改善全民健康素质,实现"精准医学"和"健康中国"的目标。

思考与练习

1. 病毒核酸检测常用的方法是什么? 简述其基本流程。
2. 病毒特异性血清抗体包括哪些? 其主要的检测方法是什么?
3. 简述"金标"检测试剂盒的基本工作原理及其构成元件。
4. 举例说明生物医学检测在智能诊断方面发展的技术特点。
5. 谈一谈你所了解的智能诊断的其他研究方向及其技术原理。

参考文献

[1] A Esteva, A Robicquet, B Ramsundar, et al. A guide to deep learning in healthcare. *Nature Medicine*, 2019, 25(1): 24 – 29.

[2] A W Martinez, S T Phillips, M J Butte, et al. Patterned paper as a platform for inexpensive, low-volume, portable bioassays. *Angewandte Chemie International Edition*, 2007, 46(8): 1318 – 1320.

[3] C A Heid, J Stevens, K J Livak, et al. Real time quantitative PCR. *Genome Research*, 1996, 6(10): 986 – 994.

[4] C Jung, A D Ellington. Diagnostic applications of nucleic acid circuits. *Accounts of Chemical Research*, 2014, 47(6): 1825 – 1835.

［5］ C Zhang, Y M Zhao, X M Xu, et al. Cancer diagnosis with DNA molecular computation. *Nature Nanotechnology*, 2020, 15: 709 - 715.

［6］ D Ardila, A P Kiraly, S Bharadwaj, et al. End-to-end lung cancer screening with three-dimensional deep learning on low-dose chest computed tomography. *Nature Medicine*, 2019, 25: 954 - 961.

［7］ D E Birch, L. Kolmodin, J Wong, et al. Simplified hot start PCR. *Nature*, 1996, 381: 445 - 446.

［8］ E Engvall, P Perlmann. Enzyme-linked immunosorbent assay (ELISA) quantitative assay of immunoglobulin G. *Immunochemistry*, 1971, 8(9): 871 - 874.

［9］ F W Gong, H X Wei, J Qi, et al. Pulling-force spinning top for serum separation combined with paper-based microfluidic devices in COVID - 19 ELISA diagnosis. *ACS Sensors*, 2021, 6(7): 2709 - 2719.

［10］ G Inamori, U Kamoto, F Nakamura, et al. Neonatal wearable device for colorimetry-based real-time detection of jaundice with simultaneous sensing of vitals. *Science Advances*, 2021, 7(10): eabe3793.

［11］ G M Whitesides. The origins and the future of microfluidics. *Nature*, 2006, 442: 368 - 373.

［12］ H Lee, J A Martinez-Agosto, J Rexach, et al.Next generation sequencing in clinical diagnosis. *The Lancet Neurology*, 2019, 18(5): 426.

［13］ H X Bai, R Wang, Z Xiong, et al. Artificial intelligence augmentation of radiologist performance in distinguishing COVID - 19 from pneumonia of other origin at chest CT. *Radiology*, 2020, 296(3): E156 - E165.

［14］ J M Perkel. Life science technologies: The digital PCR revolution. *Science*, 2014, 344(6180): 212 - 214.

［15］ J T Heggestad, D S Kinnamon, L B Olson, et al. Multiplexed, quantitative serological profiling of COVID - 19 from blood by a point-of-care test. *Science Advances*, 2021, 7(26): eabg4901.

［16］ M S Han, JH Byun, Y Cho, et al. RT - PCR for SARS - CoV - 2: Quantitative versus qualitative. *The Lancet Infectious Diseases*, 2020, 21(2): 165.

［17］ M W Yang, J G Huang, J L Fan, et al. Chemiluminescence for bioimaging and therapeutics: Recent advances and challenges. *Chemical Society Review*, 2020, 49 (19): 6800 - 6815.

［18］ R L Guyer, D E Koshland, Jr. The molecule of the year. *Science*, 1989, 246: 1543 - 1546.

［19］ S Avrameas. Coupling of enzymes to proteins with glutaraldehyde: Use of the conjugates for the detection of antigens and antibodies. *Immunochemistry*, 1969, 6 (1): 43 – 52.

[20] S X Yu, X Li, W L Lu, et al. Analysis of Raman spectra by using deep learning methods in the identification of marine pathogens. *Analytical Chemistry*, 2021, 93 (32): 11089 – 11098.

[21] T R Ray, J Choi, A J Bandodkar, et al. John A Rogers; Bio-integrated wearable systems: A comprehensive review. *Chemical Reviews*, 2019, 119(8): 5461 – 5533.

[22] W C Mak, V Beni, A P F Turner, et al. Lateral-flow technology: From visual to instrumental. *Trends in Analytical Chemistry*, 2016, 79: 297 – 305.

[23] Y Cao, X M Yu, B Han, et al. In situ programmable DNA circuit-promoted electrochemical characterization of stemlike phenotype in breast cancer. *Journal of the American Chemical Society*, 2021, 143(39): 16078 – 16086.

[24] Y L She, Z C Jin, J Q Wu, et al. Development and validation of a deep learning model for non-small cell lung cancer survival. *JAMA Netw Open*, 2020, 3(6): e205842.

[25] Y X Zhao, F Chen, Q Li, et al. Isothermal amplification of nucleic acids. *Chemical Reviews*, 2015, 115(22): 12491 – 12545.

（本章作者：赵婧　肖俊杰）

第二章　人工智能在疾病诊疗中的应用与展望

本章学习目标

通过本章的学习,你应该能够:

1. 了解人工智能在疾病诊断治疗中应用的关键技术。
2. 了解人工智能在疾病诊断治疗中的应用实例。
3. 了解人工智能在疾病诊断治疗中的现状、局限与发展趋势。

生命是渺小的。苏轼在《赤壁赋》中体会到,"寄蜉蝣于天地,渺沧海之一粟。哀吾生之须臾,羡长江之无穷"。生命的能量也是无限的,清代书画家、文学家郑板桥曾在《竹石》中感叹"咬定青山不放松,立根原在破岩中。千磨万击还坚劲,任尔东西南北风"。生命对人来说只有一次,疾病来临时,个体生命遭受威胁和摧残,甚至会影响人类繁衍和社会进步。

伟大的心理学家阿佛瑞德·安德尔花了毕生的时间去探究自然界与人的潜能,他认为,人类最奇妙的特性之一就是"把负变为正的力量"。作为新一轮科技革命和产业变革的重要驱动力量,人工智能正在深刻影响社会生活、改变发展格局。谷歌CEO桑德尔·皮猜说:"人工智能是我们人类正在从事的最为深刻的研究方向之一,将给人类带来革命性意义,其至要比火与电带来更深远的影响。"人工智能的迅速发展和应用场景的不断扩展为医疗领域的进步带来了新的动力。

一、引言

人类社会的发展史就是一部与疾病作抗争并不断取得进步的历史。医学是人类历史发展中的重要篇章。2 500多年前,古希腊希波克拉底就提出了四体液失调导致疾病的学说;1 800多年前,古罗马的学者盖伦继承、发展并丰富了四体液学说;500多年前,随着欧洲进入了文艺复兴,意大利的解剖学家维萨里为了深入了解人体结构,大力发展人体解剖学;约400年前,英国医生威廉·哈维提出"血液循环"的观点。约150年前,法国化学家路易·巴斯德证明了病菌致病的原理,并创立微生物学,真正将医学地与科学结合,使之在认识疾病与开发治疗方案的方法上,全面采用方法论与科学原理,进而产生"现代医学"。随后,随着化学工业的大力发展,合成化学药物用于治疗疾病,其中,抗生素陆续被发现或制造,大量合成化学药物被应用于疾病的治疗。物理学量子力学的发展促进了分子生物学的诞生,1953年,沃森和克里克发现了DNA双螺旋的结构,开启了分子生物学时代。进入新世纪,随着现代科技蓬勃发展,现代医学进入快车道,循证医学、精准医学、整合医学等进入临床,现代医学发展进入全新的阶段。

当前,智能医学越来越受到大家的广泛关注。智能医学是一门新兴的有强劲发展势头的交叉学科。它是指人工智能技术(AI)在医疗领域中的运用,是以现代医学和生物理论研究为铺垫,通过促进前沿的机器学习、大数据分析、脑知识、云计算等现代AI技术及与其有关的领域技术相融合,探索病理现象与人的生活的本质关系以及发生发展变化的规律,试图寻找人机协作化的智能治疗方式并将之运用于临床。AI研究在生物医药领域的应用最先出现在20世纪70年代,1972年,英国利兹大学研发的AAPHelp系统是资料记载当中医疗领域最早出现的AI控制系统。随后,美国匹兹堡大学开发的INTERNIST-I系统(计算机辅助诊断系统,一般用于内科),以及美国斯坦福大学研究并发展的MYCIN系统(一般用来辅助治疗感染性疾病)、ONCOCIN系统等相继问世。20世纪90年代,美国哈佛大学医学院开发的 DXplain 已可根据临床表现制定治疗方案。近年来,比较有名的是 IBM 的沃森机器人,它利用了 AI 技术、自然语言的处理和大数据分析技术,并同时运用了信息搜索引擎技术和大数据挖掘,能够非常迅速地提供医学判断和处理的意见,已被迅速推广使用且已进入中国市场。此外,像谷歌、微软等这样的科技巨头在 AI 医疗领域也取得了突破性进展。自 20 世纪 80 年代初,我国开始进行 AI 医疗领域的开发研究,虽然起步时间较晚,但是进展很快。21 世纪,我国 AI 技术在医学各个应用领域中均取得了突出的进展,如百度公司提供的 AI 医药品牌"百度医疗大脑""灵医智惠";阿里健康研发的医疗 AI 操作系统"Doctor You",该系统包括临床医学科研诊断平台、医疗辅助检测引擎,阿里医学 AI 操作系统的"ET 医疗大脑";南京美桥科技提供的 AI 陪诊;腾讯牵头承担的"数字诊疗装备研发专项"等相关产品也相继问世,探索和助力 AI 促进医疗服务升级。

二、人工智能用于疾病诊疗的关键技术

近年来,人工智能技术与医疗健康领域的融合不断加深,人工智能技术也逐渐成为影响医疗行业发展,提升医疗服务水平的重要因素。其用于疾病诊疗的关键技术主要有:机器学习、深度学习、卷积神经网络、知识图谱、自然语言处理、人机交互、计算机视觉、生物特征识别、虚拟现实、增强现实等(图 2 - 1)。

（一）机器学习

机器学习(Machine Learning, ML)是一门多领域交叉学科,涉及概率论、统计学、逼近论、凸分析、算法复杂度理论等多门学科。ML 专门研究计算机怎样模拟或实现人类的学习行为,以获取新的知识或技能,重新组织已有的知识结构使之不断改善自身的性能。ML 是 AI 的核心技术,是使计算机具有智能的根本途径,其应用遍及 AI 的各个领域。

（二）深度学习

深度学习(Deep Learning, DL)是机器学习(ML)领域中一个新的研究方向。DL 是由大量的人工神经元组成的多层网络构成,是对现有人工神经网络的扩展,它主要通过将架构与多个网络连续层深度融合,一边抑

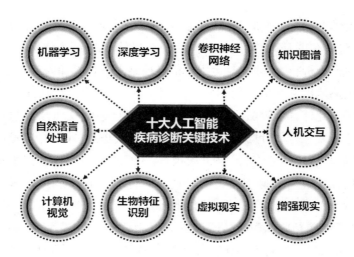

图 2-1 十大人工智能疾病诊断关键技术

制无关的变化一边提取输入数据特征。DL 较 ML 的优势主要表现在其利用深度以及组合性上,可大大降低人力物力的消耗。

（三）卷积神经网络

基于前馈神经网络的 ML 方法,主要体现在卷积神经网络(Convolutional Neural Network,CNN)的功能上。其主要特征表现在所选择的局部连通方式和权值共享的方式上,这两种方式一方面减少了连接权值的数量,更便于网络优化;另一方面降低了模型的复杂程度,也降低了过拟合的危险性。其优势突出表现在互联网的输入模式为图像时,图片能够作为网络的直接入口,避免了从传统的算法中获取复杂特征并重构信息的过程。此外,网络在处理二维图形方面也具有很大的优越性,主要体现在它可以自动获得图形的拓扑特征和图形的基本性质(颜色、形状、纹理等),尤其是在压缩、识别及位移等的应用方面有着优异的计算效果和鲁棒性。

（四）知识图谱

知识图谱(Knowledge Graph, KG)的本质是语义网(Semantic Web, SW)的知识库。KG 主要由节点(实体)和边(实体与实体之间的关系)构成,是目前较为直观和容易理解的对知识点表示及进行知识点推理的基本框架。KG 作为第三代人工智能理论的基石,更加贴近人的思维感知模型,它可以推动医学信息系统中智能水平的提升,为医学领域创造了一个学习环境,能够从图像信号以及海量的医学文献中甄别并提取相关结构化知识,实现智能辅助诊断、医学知识问答,疾病风险评估和医学质量管理等功能。

（五）自然语言处理

通过自然语言处理(Natural Language Processing, NLP)功能,探究人们怎么做到使用熟悉的语言和计算机技术实现信息互通交流,并进一步探讨人们自身的思维行动和话语能力中的本质现象。随着社会的不断进步与发展,人们的生活方式也在不断发生着变化,NLP 应运而生,它是一个非常复杂的信息体系。NLP 在医学领域中最初的应用方向主要表现在文本及医学数据的分析和处理上,比如文本分类、信息提取、信息管理、数据库建立、人机交互问答等。此外,NLP 方法在病情的检测、支持治疗和预后评价、药物研究、健康信息管理等方面也有广泛的应用。

（六）人机交互

计算机交互技术,又称人机交互(Human-Computer Interaction, HCI)。HCI 是专门研究用户与计算机之间的通信反馈路径的研究流域,旨在改善用户与计算机内部的交互感受,使用户更容易完成相应任务。HCI 技术在医疗领域的运用主要是利用语言、步态等来评价病人感觉功能的变化,从而帮助医生对病人进行辅助治疗。HCI 技术的主要优势就是它无侵入性,医务人员仅需要通过检查病人与电脑的自然感官互动结果,便可分析该患者病情在交互模式下的表现,从而客观地评价病人当前的健康状况。人机交互技术主要用于疾病的早期预警和辅助诊断。

（七）计算机视觉

计算机视觉是指利用计算机的视觉技术,模拟人眼看到、定位和认知图像的行为,并从中抽取有趣的信息。它包括图像处理、模式识别、语义处理等关键性技术,目前已被广泛应用于超声、影像、病理和生物医学图像等医学辅助诊断中,充分发挥了其关键决策性功能。

（八）生物特征识别

生物特征识别(Biometric Identification,BI),是指人类运用计算机把不同个体所固有的生物特征及行为特征搜集出来并加以集中处理,再以此进行个人身份辨识的技能。BI 被认为是具有远大前景和巨大价值的新兴产业技术之一。目前,基于个体生物特征的身份识别和认证已成为我国重点鼓励及重点发展的技术之一,主要运用于医学档案管理中,如用血管理、公费医疗确认以及个人的医学档案管理等。

（九）虚拟现实

虚拟现实（Virtual Reality，VR），是计算机生成的、给人多种感官刺激的虚拟世界（环境），是一种高级的人机交互系统。体验者能够以比较自然的状态与虚拟现实环境交互,从而产生置身于相应的真实环境中的虚幻感和沉浸感。目前在医疗领域,AI 虚拟现实主要应用于医疗教育培训和神经心理治疗两个方面。

（十）增强现实

增强现实（Augmented Reality，AR），也叫混合现实,是把原本在现实世界的一定时间空间范围内很难体验到的实体信息（视觉信息、声音、味道、触觉等）通过科学技术模拟仿真后再叠加,将虚拟的信息应用到真实世界,被人类感官所感知,从而达到超越现实的感官体验。基于此,AR 提供了一种在现实情况下与人类可以感知所不同的变化信息。目前,AR 主要应用于医学教育、手术导航,肿瘤放射治疗等医疗领域。

三、人工智能在疾病诊疗中的作用与应用前景

随着人工智能（AI）的快速发展,其在社会的各个领域均扮演着重要角色,尤其在医疗卫生领域,人工智能扮演着不可或缺的角色（图 2 - 2）。如目前正在研究的脑机接口技术,对于一些患有运动障碍的患者而言具有极其重要的作用,不仅可帮助患者自主完成一些较为简单的任务,还可帮助患者恢复大脑内受损的神经网络。除此之外,智慧康复、智能诊断等均已在医疗领域发挥着重要作用。然而,由于人类对于人工智能的研究尚处于初级阶段,所以还存在着许多问题。

（一）AI 医学影像

AI 医学影像是指充分利用 AI 在感觉认知和深度学习的技术优势,将其应用在医学影像领域,从而达到提高诊断效率和准确率的目的。当

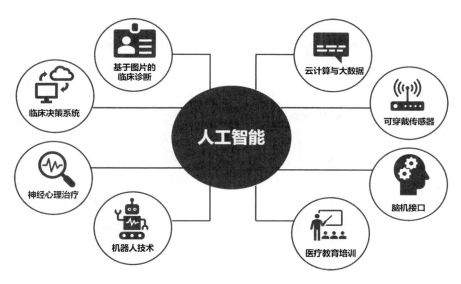

图 2-2　人工智能在医疗领域的应用

下,AI 医疗影像流程主要包括底层数据处理、影像筛查、智能决策三阶段，即通过精准的疾病预测模型，进行各种因子及数据的分析处理,应用 AI 医疗影像,对病原细胞分类,提高筛查效率和质量,以此来协助医生提供最好的诊断和治疗建议。目前,AI 医学影像主要用于肺部结节、乳腺肿瘤、慢性肝病与肝纤维化等疾病的辅助诊断。

1. 肺部结节

近年来肺癌的发病率和死亡率增长快,已成为对人群健康和生命威胁最大的恶性肿瘤之一。肺癌的最早期症状是肺部结节,早期准确检测和对症处理极其关键。CT 检测技术是目前首选的诊断肺部结节的方法。目前,在影像学上对肺部结节的检查仍存在着许多困难,如:人工检查效率低下且费时耗力;人工检查容易产生视疲劳,易出现漏诊误诊;对诊断人员资质要求高等。在肺病变 AI 影像检测方面,有系统首次采用了基于 DL 的计算机辅助设计(CAD)技术对每个结节进行自动检测,同时通过建立一种高深度的三维残差卷积神经网络来减少假阳性并以此改进检查过程,然后通过增强结节形状和边缘等的识别强度自动提取有效特征,对输入的结节图像进行识别和分类,最终实现 AI 影像识别。

2. 乳腺肿瘤

乳腺肿瘤是指发生在乳腺的良性或恶性肿瘤，是一种常见的危害女性健康的疾病。乳腺肿瘤良性和恶性的鉴定与诊断对其治疗方法的选择和预后极其重要。目前，对乳腺肿瘤的检查和诊断主要依赖于乳房 X 线、超声波检测和磁共振造影（MRI）。在传统乳腺肿瘤检查中，医生的主观判断是主要的，但长时间的高负荷工作必然会影响到医生观察检查结果中微小变化。乳腺医学影像 AI 辅助检测/诊断（CAD）系统，主要根据乳腺肿块及钙化区域的特征辨识病变，研究显示乳腺 CAD 系统对钙化区域尤其是微小钙化区域的灵敏度最高。除此之外，CAD 系统在早期乳腺疾病的识别诊断方面也具有很大的优势，已在早期乳腺病变的诊断中得到了广泛的应用。

3. 慢性肝病与肝纤维化

慢性肝病与肝纤维化的疾病发展是导致肝癌的重要因素，早期诊断和有效干预可控制疾病恶化。支持向量机（Support Vector Machine，SVM）已经用于慢性肝病（Chronic Liver Disease，CLD）的临床诊断中。研发人员还将基于硬度评估技术和 DL 算法的 CAD 系统运用在剪切波超声弹性成像（Elastic Component of Ultrasonic Shear Wave，SWE）中，从而实现了对 CLD 的评估。在肝纤维化研究中，实验人员利用了基于 CNN 的 DL 模式将注射了钆塞酸二钠增强的肝胆期 MRI 影像结果作为输入数据进行分析，结果发现 CNN 模式有效增强了对肝纤维化分期影像检测的诊断效能。

（二）AI 病理诊断

病理是诊断疾病的"金标准"。由于病理影像的高复杂性，对影像作出细致的定量化研究具有一定的困难。AI 技术的出现很好地解决了这个问题。基于 DL 基础的 AI 能够迅速、标准地处理医学影像，准确勾画可疑图像，并以高度组织化的语言提出意见。事实证明，在 AI 的技术支持下，病理医师不但能够提升诊断效率、减少工作量，还可以提高工作强度，改善病理医师的工作环境，最终减少了误诊、漏诊的发生。目前，AI 主要在乳腺癌、前列腺癌、宫颈癌等疾病的病理诊断中发挥重要作用。

1. AI 在乳腺癌病理诊断中的应用

随着乳腺癌精准诊断技术的不断进展,对病理检查也提出了更多的需求。在实际临床作业中,传统乳房疾病检查的工作重点主要是规范性地开展一些乳腺癌的检查,病理检查费时费力,各医师间判读的统一性也不够。AI 通过开发算法,使计算机直接从检查数据中"学习"并解决问题。CNN 对在乳腺癌整体切片成像(Whole Section Imaging,WSI)系统中所得到的 patch 建模结果加以分析,可有效辨别是否为浸润性导管癌。在 ML 辅助诊断淋巴结转移上,目前已研究出多个 DL 算法并证实了其稳定性。此外,ML 在自动判读核分裂计数、免疫组化判读、乳腺癌分子诊断和个性化治疗等方面也具有优越性。

2. AI 在前列腺癌病理诊断中的应用

前列腺癌是发生于前列腺组织中恶性肿瘤,是最常见的男性恶性肿瘤之一,而且前列腺癌的发病率会随着年龄的增大而逐渐升高。近些年,前列腺癌在我国的男性恶性肿瘤中,发病率呈逐年升高的趋势,应得到大家的重视。Gleason 评价系统是衡量前列腺癌恶性程度的主要评价手段,其正确分期对病人的预后与医疗都具有很大的指引作用。已有科研团队提出了快速诊断前列腺癌的多视图提升分类方法,该方法基于强度和纹理的特征实现良性和恶性的区分。结果表明,多导视图提升分类可作为提高组织病理学诊断准确性和效率的工具,有望提高前列腺癌诊断的准确率。在前列腺癌活检标本上应用 CNN,可实现自动注释和快速定量前列腺活检标本的疾病区域的功能。

3. AI 在宫颈癌病理诊断中的应用

宫颈癌是全球女性第二大常见的恶性肿瘤。早期诊断宫颈癌的方法:(1)宫颈的细胞学检查,但漏诊率比较高;(2)人乳头状瘤 HPV 检测;(3)阴道镜检查;(4)宫颈的常规检查;(5)宫颈的锥切检查。人工智能对于宫颈癌的应用较早的是对于癌细胞的辨认和分割。我国羽医甘蓝 DeepCare 公司研发的宫颈细胞涂片智能辅助筛查系统能够在 1 分钟内自动对数字化的宫颈细胞涂片进行分析,检测切片中存在的可疑病变细胞,并为医师标出可疑细胞的具体位置及亚型。研究人员在 2014 年提出了一种基于超像素和卷积神经网络的分割方法,用于宫颈癌细胞的背景、细胞质、细胞核的分割。实验结果表明,核区检测精度达到94.5%,人工智能有望用于宫颈初级筛查中自动化辅助阅读系统的开发,这种对于宫颈癌细胞的辨认进一步奠定了人工智能的应用基础。

(三) AI 眼科诊断

AI 在眼科领域的深度应用主要表现在眼科某些疾病的诊断上。然而,直到现在,眼科诊断的 AI 应用仍然集中于眼科检查领域。在 20 世纪 90 年代初,已有研究者利用 AI 定量测量用于彩色眼底照片中不同结构的分割与分析。2016 年由谷歌 Deep Mind 研究的 DL 系统和 2017 年由中山眼科中心研发的相应的小儿白内障 AI 程序是在 AI 眼科诊断中较为有名。除此之外,AI 在眼肿瘤、眼屈光、眼角膜病等方面也表现出巨大的应用潜能。

1. AI 在青光眼诊断中的应用

青光眼是三大致盲疾病之一,在不可逆的致盲眼病中占首位,其发病隐匿且发展迅速,尤其表现在原发性开角型青光眼上。因此,青光眼的早期诊断和干预能有效提高患者预后。基于 AI 的光学相干断层扫描(Optical Coherence Tomography, OCT)测量技术较早地被用于青光眼的诊断,极大地提高了诊断的灵敏度和特异度。基于彩色眼底照片的 DL 算法也被用于青光眼导致的视神经损伤的性能检测,其灵敏度和特异度均大于 90%。然而,到目前为止,AI 在对青光眼的精确分型方面仍然存在较大缺陷。

2. AI 在糖尿病视网膜病变诊断中的应用

糖尿病视网膜病变(Diabetic Retinopathy, DR)是糖尿病常见的导致视力严重受损的视网膜血管病变,是糖尿病的三大严重并发症之一。彩色眼底照相是 DR 随诊的简单高效的手段之一。20 世纪 90 年代,有研究人员采用 AI 技术分离和测量彩色眼底照片,随后,将 Messidor 视网膜数据集应用于彩色眼底照片的 DR 的临床诊断及分级,这在一定程度上实现了新型的 DR 自动筛查。临床试验发现这一项研究技术与常规的前置镜诊断具有较高的一致性,是 DR 筛查中一种较为可靠的诊断手段。也可应用 DL 来系统筛查 DR 及相关眼病,该技术具有较高的灵敏度和特异度。

3. AI 在年龄相关性黄斑变性诊断中的应用

老年人群的致盲性疾病主要是老年性黄斑变性,又称年龄相关性黄斑变性(Age Related Macular Degeneration, AMD)。通过扫描和分析 OCT 图像数据集,可实现对 AMD 患者早期病情发展风险的可能预测和患者视觉预后能力的有效评估。研究结果表明,在区分 AMD 方面 AI 检测技术与人类专家的检测能力相当,为 AMD 自动化和个体化的医学诊断优化提供了突破性的视角。

4. AI 在先天性白内障诊断中的应用

先天性白内障是儿童失明和视力残疾的主要病因之一,早期发现及时采取对症性的治疗手段对患儿的病情发展和视觉发育非常关键。2017年,刘奕志教授领衔中山大学和西安电子科技大学的研究团队,利用深度学习算法,建立了先天性白内障人工智能(AI)平台,通过上传的图片即可智能地做出诊断并给出治疗方案。该人工智能云平台,突破了传统的医疗模式,为先天性白内障的筛查及诊疗提供了新的方案,已在多家协作医院临床应用,并取得了理想的效果。

(四) AI 血液病诊断

众所周知,对骨髓各系细胞形态学检测,即对人体内的骨髓细胞形态进行分型,是最后确诊血液系统疾病的"金标准"。AI 在血液病检查中的应用,主要是通过自动扫描来识别最初的骨髓细胞形态,确认识别信号是否正确,然后再由经验丰富的检查医师逐步判断自动识别的准确性,最终得出诊断结果。

1. 血液病形态学

形态学检查是诊断血液系统细胞分型及疾病判定的标准。它的检查主要依赖于患者血液系统图片的人工阅片和诊断,这一点与 AI 不谋而合。利用 CNN 算法对血液病形态学检查,无需特殊手工操作即可实现髓系和红系血液系统的细胞分类,且准确度高(97.06% 和 97.13%)。研究人员应用 CNN 与 Alexnet 模型相结合的 DL 技术,对急性淋巴细胞白血病亚型与正常人骨髓涂片图像进行区分,结果表明,该方法的分类准确率可达 97.78%。此外,AI 技术在慢性粒细胞白血病、急性髓系细胞白血病和 B 细胞淋巴瘤的异型细胞的识别和鉴定等领域均有相关的研究体系或方法。

2. 免疫表型分析

AI 与流式细胞技术的结合对血液病免疫表型分析非常重要。AI 辅助的多参数流式技术也被用于治疗 B 细胞淋巴瘤，该模型区分 CD5 阴性/阳性 B 细胞淋巴瘤与健康人血液免疫表型的准确率较高（89%），能精准分辨健康人与慢性淋巴细胞白血病及单克隆 B 蛋白质增加症患者（97%）。除此之外，与一名经验丰富的诊断医生相比较，AI 免疫表型算法计算一份数据的平均时间仅为其诊断时间的百分之一。

3. 细胞遗传学分析

细胞染色体核型分析技术主要用于确诊细胞染色体组型、数量和结构上的变异。所以，细胞染色体核型分析在骨髓增殖性肿瘤、白血病以及部分人类淋巴细胞亚型的临床治疗中都具有关键性意义。运用 CNN 算法对人类染色体核型分类的分类准确率超过了 93.79%。荧光原位杂交法（Fluorescence In Situ Hybridization, FISH）是细胞基因分析方法中不可或缺的检测手段，其在一定程度上可以克服染色体核型分析标本质量要求较高、分辨率低等弊端。目前，AI 在 FISH 方面的技术进步主要表现在对图像的信号分割与分类上，它可以通过训练神经网络分类器对荧光信息进行识别，精确度可以达到 83%~87%。此外，研发人员又以朴素贝叶斯分类器和多层感知机为基础，开发出非点信息与点信息的分割方法和分类技术，其划分精确度可达到 80% 左右。

4. 分子生物学分析

受益于现代分子生物学技术的不断发展和更新迭代，血液系统疾病已从传统检测分析进入了精准诊断的时代。通过大数据分析并筛选有意义的分子标志物，并挖掘这些分子标志物与疾病发生发展是深入研究现代疾病的重中之重。研究人员发现利用 DL 方法，通过基因突变、患者年龄、细胞遗传等大数据分析可有效评估和预测 AML 的预后，研究结果显示其准确率较高（83%）。因此，通过将 AI 应用于基因检测，可以更好地分析与结合临床信息与独立的基因检测数据，为患者制定精准的诊疗策略及为临床医生病情诊断提供一定的理论基础。

（五）AI 神经心理治疗

神经心理学是指将人脑作为心理活动的物质本身来研究人脑与心智

或人脑与行为的一种科学。它把人的知觉、记忆、语言、思考、智慧、行动等与人脑的基本机制构造之间确立了量的关联,并用标志人脑基本机制构造的解剖学、生理、生化等的用语来说明人类心理现状或活动。AI 在神经心理学医疗上集三维图像、声音、实时交互动画于一身,在心理治疗和缓解疼痛方面发挥着重要作用。

1. 心理治疗

近年来,由于中国经济社会发展以及日常生活节奏的日益加快,人类在体验美好生活的同时心理压力也日益剧增,人类心理疾病已逐渐凸显。虽然心理健康教育或治疗部门已成为时代必需品,但人们往往讳疾忌医,造成疾病治疗的拖延,不利于生理和心理健康。随着神经心理治疗技术的发展,有心理疏解和治疗需求的患者可通过 AI 设备在虚拟环境中接受治疗医生的心理治疗或者心理沟通。患者应用 AI 虚拟设备进行治疗时,医生可通过各种沟通技巧在不与患者见面的情况下,实现在虚拟情境中解决患者实际困难的功能。研究表明,AI 心理疗法容易被患者所接受,并能有效排解和治疗心理疾病。

2. 缓解疼痛

在缓解疼痛方面,AI 表现得可圈可点。AI 可通过模拟场景中出现的动画、声音、图像等,成功转移患者注意力,让患者在治疗阶段短暂地忘掉疼痛,缓解疼痛带来的不适感。例如:研究发现截肢者经常会患有“幻肢综合征”,表现为虽然截肢已不存在,却能感受到其仍然存在并有部分感知能力。实验和临床研究结果均发现,AI 头戴式和传感设备可有效将患者带入虚拟环境中,让患者还可以较为清晰地感觉到肢体的存在并控制患侧肢体的活动,从而达到减轻患者疼痛和缓解患者压力的作用,十分有助于患者的神经心理康复。

（六）临床决策支持系统

临床决策支持系统（Clinical Decision Support System，CDSS），一般指凡能对临床决策提供支持的计算机系统,该系统充分运用计算机技术,针对半结构化或非结构化医学问题,通过人机交互方式改善和提高决策效率的系统。CDSS 能够给临床医师带来最大量的医学信息以便进行最有效的治疗及选择最好护理方案。经过多项科学研究证明,CDSS 的使用可以有效地打破临床医师的认知局限、降低人为疏漏、降低医药花费,以及给医疗服务质量带来最有效的保证。目前,CDSS 主要应用于基层卫生系统和大型医院。

在我国基层医疗卫生系统中,CDSS 已涵盖了三千多种临床疾病,通过详尽的病症提示与问诊指导,协助基层医师迅速识别急危重症和跨专业病症,有效提升了基层诊治技术水平,减少漏诊与错诊概率。针对基层医院的特点,CDSS 能有效辅助医师进行慢病病情评价、用药调药等长期慢病管理工作,解决基层医师日常治疗和卫生管理的工作需要,其主要应用涵盖辅助问诊、慢病管理、用药安全审核、辅助诊疗、知识获取,患者教育等。

在大型综合和专科医院信息系统建设中,CDSS 还引入了权威的医疗数据库技术,可无缝植入院内网络,智慧解析病人的全部数据信息,为临床应用诊断提供了具备客观临床医学依据的合理决策支持。在主数据库中,可实现智能识别医生/检验病理报告、患者病案资料等病人的所有病史数据,通过机器深度学习和大数据挖掘,自动映射 SNOMED – CT、LOINC、ICD – 11 等数据标准,将非结构化和半结构化病历数据转化为更具应用价值的临床决策和科研信息。通过融合新一代 AI 技术和医学大数据分析技术,CDSS 系统不仅具备了自主学习的能力,而且能够加速知识库更新和运算模式的迭代,使其在知识库基础上的标准化程度得到了进一步提高。除此之外,还可以通过循证医学证据和完整性统计分析,在医疗临床应用过程中实时地为医疗工作者提供策略支撑、辅助优选治疗方法、自动审批处置医嘱等功能,并根据患者病情提出个体化诊疗建议。此外,CDSS 还可用于电子病历评级。然而,CDSS 技术在医疗业务领域还面临着很多问题。这些问题包括:标准与立法相对落后、大数据分析低质、公共卫生信息安全与患者隐私权缺乏保障、复合型人才培养匮乏等。

（七）沃森机器人

据统计,全球每年新增肿瘤患者约 1 400 万人,在今后十年内,肿瘤患者增长率约将达到 42%,而我国每年新增确诊肿瘤患者数量高达 400万人,死亡人数约为 280 万人,五年存活率仅为 37%。虽然在科学技术飞速发展的今天,五年存活率有了很大提高,但其规范化治疗率仍不足

50%,并且诊疗范围分散,专家资源严重不足。无论在国际上还是在国内,医学领域各学科的医务工作者都会受到大数据的冲击。统计资料表明,治疗与临床研究结果将以年均 6%的速度增加发表与公布,所以医务工作者急需科技方法帮助他们了解新的试验数据与临床成果。尤其是在我国癌症治疗规范和治疗标准不足、专家资源匮乏、技术数据爆炸式增加的时代,正是 AI 发展的大好时机。

　　沃森控制系统是一种全新的 AI 控制系统,由美国 IBM 集团的前任首席研发员 David Ferrucci 带领的 DeepQA 计划团队于 2007 开发完成,其具备理解人类自然语言并准确解决复杂问题的能力。在治疗中,由于"沃森"看得懂人体语言,能够透过查询患者的病征、病史,并通过运用 AI 技术、自然语言的处理以及大数据分析技术等,以及从不同途径收集到的资料和数据,快速提出治疗建议和诊断意见。此外,沃森机器人还能作为护士处理复杂疾病的处理工作和审查医疗服务提供者的治疗要求。未来,沃森机器人可能还可以自动获取有关患者的病史及其他方面的信息,并将其综合反映给医生,从而提高临床医生的治疗速度。IBM 集团与美国得州大学安德森癌症中心在 2014 年一起成立了 IBM 沃森科技公司,共同发起了"登月项目",以消除人类癌症。该研究中心的肿瘤学专家与咨询系统由沃森认知型计算系统软件驱动,能够有效帮助医师观察和调整肿瘤患者的诊疗方法。IBM 沃森技术中心将进一步完善和规范临床患者的病历、检测分析技术,支持收集、融合相关研究分析数据,并将所收集到的数据分析融合到由安德森癌症中心所集中的临床患者信息库,而后通过连接为高级数据挖掘技术提供所需的深度统计分析。除了该中心外,泰国康民国际公立医院、美国梅奥诊所、纽约斯隆-凯特林诊所、美国克利夫兰诊所等也使用了 IBM 沃森认知计算系统,在医学证据、学术研究、治疗临床技术等领域为癌症病人提供了有效的诊断方法。在企业应用中,强生公司利用 IBM 沃森系统阅读,详述和理解大量临床相关结果的研究性论文,并运用所获得研究成果创建和评估新药诊断方案及其他的创新医学方案。当然,医疗行业中不只是医学科技的问题,还有人文关怀的问题。很多病人更希望看到的是真诚关爱自己的医务人员,而非冷漠的机器人。但是,随着 AI 机器人技术的应用越来越广泛,我们也应该正确看待 AI 机器人的发展。

（八）手术机器人

外科手术早已成为临床上常见且十分成熟的治疗手段。在现代,外科医生不仅要学习专业的医学知识,还要有丰富的实践经验以及灵活的双手,一旦失误,很可能会导致手术的失败。随着智能科学及其技术的不断进步和发展,手术机器人的出现使手术操作更为迅速、准确,手术成功概率大大提高,医生的身心负担也大大减轻,降低了手术风险。目前手术机器人主要应用于骨科手术、神经外科手术和内窥镜手术。

1. 骨科机器人

骨科机器人是外科手术机器人中的一个重要分类,其主要作用是在骨科手术中定位、导航,促进精密手术操作,避免手术伤口感染。近年来,骨科手术机器人通过强化机械臂的置备甬道,减少了细微的生理抖动等产生的细微误差,从而保证了手术的成功概率。在手术实施过程中,医生可利用 AI 光学跟踪系统进行较为直观地多方位地定位,对手术进程和实施进行有效监测和纠正。除此之外,在机器人的辅助帮助下,医生们还可以实施较为细微的皮肤组织操作,准确地规划解剖开口的大小以及方位,最大程度降低由于大面积软组织剥离而导致的严重性伤口感染,有效避免损伤神经和血管。

2. 神经外科手术机器人

大脑是人体重要的生命中枢,精细的脑部手术对患者术后生活质量和康复质量至关重要。神经外科手术机器人是美国 FDA 批准的首款能够在临床上进行立体视手术的手术机器人。该类手术机器人能够精准定位脑组织,有效地规划医生的手术路线,帮助医生实施手术。在手术前,医生会根据检测的诊断影像制定实时手术规划,然后与机器人被动式机械臂配合进行手术。我国自主研发的机器人系统 CRAS（Computer and Robot Assisted Surgery）选用 PUMA260、262 作为系统辅助操作的执行机构,已投入临床,主要用于无框架脑立体定向手术和内窥镜手术。

3. 内窥镜手术机器人

目前内窥镜手术机器人的应用主要以腹腔镜手术为主,由于腹腔中有大量的重要器官,所以对手术的准确度有较高的要求。达·芬奇外科手术系统是一种高级机器人平台,其设计的理念是通过使用微创的方法,实施复杂的外科手术。达·芬奇外科手术系统主要由外科医生控制台、床旁机械臂系统、成像系统组成,位于手术室无菌区外。外科医生在控制台中,通过显示器上提供的三维空间影像,以及动作感应器和踏板控制器,操作机器人臂和手术器械完成手术。内窥镜手术机器人的突出特点是手术创伤小。

(九)脑机接口

脑机接口(BCI)是一种跨越了生物体本身的人脑信息传输通路,实现大脑与计算机等外部设备直接通信的技术。该技术能够在人或动物与外部环境之间建立沟通以达到控制设备的目的,进而起到替代、修复、增强、补充或改善的作用。在单向脑机接口的情况下,计算机或者接受脑传来的命令,或者发送信号到脑(如视频重建),但不能同时发送和接收信号。而双向脑机接口允许脑和外部设备间的双向信息交换。

1. BCI 促进疾病康复的途径

BCI 是一种在没有周围神经和肌肉这一正常传出通路参与的情况下,实现人与外界环境的交互并显示或实现人们期望行为的电脑系统。可以将其更简单地理解为通过解码大脑神经活动信号获取思维信息,实现人脑与外界直接交流。所以也可以说 BCI 是一种康复训练设备,它应用于多种疾病的康复过程。其促进疾病康复的途径主要有两种:一是通过与环境的交互实现重症瘫痪患者多种功能的替代;二是通过促进大脑重塑实现功能代偿,最终减轻残疾带来的影响,提高患者的生存质量。BCI 让患者通过自己的思想控制外界设备进行训练,这样不仅能够提高患者的主动性,还可在患者受损的中枢神经中形成反馈,刺激脑的重塑或代偿,从而提高康复疗效。随着 VR 技术的普及,患者可在更加接近现实的环境中产生质量更高的大脑信息,进而提高 BCI 的性能。

2. BCI 在脊髓损伤性疾病康复中的应用

脊髓损伤引起的各种功能障碍威胁着患者的身体健康和生活质量。科学研究证实,尽管脊髓损伤导致脑部和脊髓的联系断裂,但人脑依旧能够产生适当的操作指令。BCI 系统脑部的电极传感器接收到大脑发出的神经信号,再把这些信号转化为数字信号让机械运动,同时机械也把信号

（比如触感）反馈给大脑，患者就能利用得到的反馈信息掌握如何进行脑部运动，以此促进神经系统重建。近年来，随着人们对 BCI 技术研究的不断深入，目已有多种 BCI 技术被应用于脊髓损伤后的上肢活动功能、下肢活动功能、知觉困难和神经性疼痛等方面的康复治疗中。

3. BCI 对神经系统的作用

BCI 已被证明在神经功能障碍患者的交流与控制方面具有十分重要的作用。实验表明，语言编码的脑机接口可以把神经系统活动直接转化为语言信息，即使患者"默读"在未发出声音的状态下阅读，这样的译码技术仍然可以进行语言的合成，证明了该技术在临床上能够利用脑机接口帮助病人进行口语沟通这一功能的有效性。美国哥伦比亚大学的专家已经证实了，BCI 能够通过根据脑电波的反应来提高患者个人的唤醒水平，进而让他的工作状态改善，这说明 BCI 可在开发延伸大脑功能方面发挥重要作用。

从康复医学的治疗方法，到"脑控"与"读心"的功用，再到跨感官感知、增强体能等，BCI 都在为人类的未来展示着无数的可能性。但 BCI 在康复医学领域发挥重要作用的同时，也产生了包括安全性、决策自主性、人格同一性和真实性等各种伦理学问题，BCI 技术还有待进一步的改善和提高。

（十）智能可穿戴设备

智能可穿戴设备是应用穿戴式技术对日常穿戴进行智能化设计，开发出可以穿戴设备的总称，如眼镜、手套、手表、服饰及鞋等。智能可穿戴设备多以具备部分计算功能、可连接手机及各类终端的便携式配件形式存在，主流的产品形态包括以手腕为支撑的手表和腕带等产品，以脚为支撑的鞋、袜子或者其他腿部佩戴产品，以头部为支撑的眼镜、头盔、头带等，以及智能服装、书包、拐杖、配饰等各类非主流产品形态。可穿戴医疗设备在医疗卫生领域主要应用于健康监测、疾病治疗、远程康复等方面。

1. 智能手环

健康监测健康观念已深入人心，人口的老龄化及医疗资源的紧缺，使得医疗健康监护备受关注。目前可穿戴式监测设备以智能手环、智能手表为主，具有可操作性强、便于携带、外形美观的特点。智能手环内置高精度感应芯片,可以采集人体主要的生命体征,包括血氧、心率、心电和脑电等,主要功能有计步、生命体征监测、血糖监测、能量消耗及睡眠监测等。该类手环通过蓝牙、内置 Wi‐Fi 模块等信息通信模块实现数据传输,同时通过 APP 与终端设备同步数据,为用户提供点对点的健康生活小建议。

2. BrainLink 智能头箍

BrainLink 智能头箍是一款智能穿戴设备,可以连接电脑、智能电视、手机和平板电脑等终端设备,其通过内置蓝牙通信模块相连接产品。用户可以通过产品与对应软件的交互操作,实现 BrainLink 智能头箍利用"意念"互动操作的功能。智能头箍系统可以实时检测使用者的脑部状态,比如注意力、压力、放松程度、疲倦程度等,使用者还可以通过调整自身的注意强度与松弛度,给手机或平板设备下达指令,从而进行"意念"操控。

3. 智能纺织衣物

随着人口老龄化和慢性疾病死亡率的不断上升,许多发达国家对老年人的医疗保健和长期护理花费巨大。而智慧型医用纺织品的出现,则彻底改变了人们对慢性疾病治疗的操作方式,提出了一种认识和提高穿戴者生理功能及对穿戴者的保健要求进行适当反应的新方法。智慧型医用纺织品能够了解外界环境(刺激),并能根据预先设定的形式及时做出适当的反应。智慧型医用纺织品将在痛感调节、药品传输、哮喘疾病管理和感染性疾病(如慢性酸痛、压迫性创伤和溃疡、慢性哮喘、COPD)康复等方面发挥重要作用。目前,我国用于医疗保健的各种纺织产品中,仅有少数几种纺织电极材料具有相对完善的生产技术,大部分的智能纺织药品检测系统与生物调理系统所用电极材料的制造方法尚处初级阶段,在商业推广与实际应用方面也存在诸多困难。躯干穿戴式生物传感器还能检测出与炎症甚至胰岛素有关的重要生理指标的异常。在人们将要得病而未得之前,可穿戴设备可能会提前预测出来。

4. 下肢柔性可穿戴传感器

最近的一项研究显示,科学家发明了一种柔性可穿戴传感器,这种传感器可以被集成在织物中,检测触摸压力、测量身体运动,可用于监测帕金森病患者的运动症状。将柔性传感器直接置于患者鞋底,或用棉布将传感器固定于患者的膝关节或足关节上,以实时监测患者的行走情况。此外,该传感器能准确监测呼吸模式、体位、肌肉震颤、步态、关节及肢体的运动,有助于早期诊断、追踪运动症状变化,为医生制定治疗方案提供依据。

(十一) AI 医疗教育培训

在医疗行业中,大部分医疗失误都是人为因素造成的。因此,在临床医师的岗前培训中,必须进行大量的手术训练和培训。但是,随着患者就医的需求增加以及自我保护意识的增强,医学生很难有学习临床诊治知识和实施临床技能实践操作的机会。AI 技术与医疗教育培训相结合,可有效解决手术训练、术前培训等问题,为医师正式进入临床工作提供了良好的学习和实践基础。

1. 虚拟现实

VR 技术是模拟技术与计算机图形学、人机接口、多媒体教学、生物传感器、网络技术等多种技术的有效融合。通过基于 5G 的 VR 动态技术,医学生可以在手术室外全程关注主刀医生的手术过程,甚至连医生的动作、表情及手术工具等都能看得清楚。VR 技术应用于医学领域是传统实践教学模式的一种模式创新。越来越多的医学生和医务工作者通过这种技术,能更直观地观看到医生的手术操作过程,从而提高自身的业务能力,促进自身的成长。

2. 虚拟手术仿真训练

虚拟手术仿真训练系统是一种利用 VR 技术,在特定的手术模型和虚拟环境中进行实践操作的 AI 系统。医学生和临床医生可有效地利用该系统的 VR 设备进行手术训练和操作。在手术操作过程中,医学生可以通过各种不同的 VR 感知设备,在虚拟环境中感受到患者模型,观察其人体内部各器官的结构,模拟手术操作。因此,虚拟手术仿真训练系统可使学习者置身于虚拟的手术环境中,利用自身视听和感知来模拟真实的手术实践,体验临床手术的全过程。此外,该系统是一个有效的,操作性、真实性很强的仿真训练环境,它为医学生提供了一个不受任何限制的切实可行的手术实践平台。

小结

随着时代的不断进步,人工智能及其关键技术已经成功应用于多种疾病的诊断中。虽然 AI 技术的快速发展和应用为人类社会带来了美好的医疗应用前景,但要将 AI 技术应用到医疗服务领域,服务和造福人类,仍面临巨大的挑战。当然,医疗行业中不仅涉及医疗技术的问题,还可能涉及一些人文关怀问题。在 AI 技术应用越来越广泛的时代,我们应该正确看待人工智能,发展和应用好 AI 技术,为人类生活和健康谋福祉。

思考与练习

1. 人工智能用于医疗领域的意义是什么?

2. 人工智能用于医疗领域的哪些方面?

3. 人工智能用于医疗领域的主要工作原理是什么?

4. 如何正确看待人工智能?

参考文献

[1] 敖凌文,刘婷.带有空间信息的卷积神经网络车道路面语义分割模型研究.信息与电脑(理论版),2021,33(2):43-45.

[2] 曹悦,杨贺迪,缪森,等.医疗手术机器人的现状与未来.中国科技信息,2021(10):123-125.

[3] 高飞,叶哲伟.智能医学发展简史.中华医史杂志,2021,51(2):97-102.

[4] 高灵宝,杜银学,陆江波,等.浅谈机器学习.铸造设备与工艺,2021(6):41-43.

[5] 龚瑜,蔺俊斌,郝赤子,等.脑机接口在脊髓损伤康复中的应用进展.中国康复医学杂志,2020,35(6):744-748.

[6] 胡吉永,杨旭东.智能医疗纺织品的研究现状.纺织导报,2020(9):51-56.

[7] 胡雪婵,韩雪峰.自然语言处理在医疗器械中的应用研究.吉林省教育学院学报,2020,36(6):183-186.

[8] 机器人医生沃森将如何改变世界? 创新时代,2015(3):22-24.

[9] 蒋勤,张毅,谢志荣.脑机接口在康复医疗领域的应用研究综述.重庆邮电大学学报(自然科学版),2021,33(4):562-570.

[10] 李翔云,叶庆,邓朝华.临床决策支持系统功能及其应用态势分析.中国医院,2020,24(10):35-38.

［11］ 李洋,汪柳萍,黄进,等.人机交互技术在神经系统疾病辅助诊断中的应用：现状与前景.协和医学杂志,2021,12(5)：608－613.

［12］ 蔺亚妮,闫麒,黄先琪,等.人工智能在血液系统疾病中的辅助诊断作用.中华检验医学杂志,2020,43(12)：1156－1159.

［13］ 刘琦,于汉超,蔡剑成,等.大数据生物特征识别技术研究进展.科技导报,2021,39(19)：74－82.

［14］ 孙苗苗,张智弘.人工智能在病理诊断中的应用.中华病理学杂志,2019(4)：338－340.

［15］ 谭玲,鄂海红,匡泽民,等.医学知识图谱构建关键技术及研究进展.大数据,2021,7(4)：80－104.

［16］ 韦哲,石恒兵,曹彤,等.国内外智能可穿戴设备的研究进展.中国医学装备,2020,17(10)：18－21.

［17］ 吴绯红,赵煌旋,杨帆,等.医学影像+人工智能的发展、现状与未来.临床放射学杂志,2022,41(4)：764－767.

［18］ 翟倩,丰雷,张国富,等.人工智能在精神心理卫生领域的应用.浙江医学,2020,42(10)：1078－1084+1091.

［19］ 郑维炜,张弦.柔性可穿戴传感器的研究进展.合成纤维,2022,51(3)：39－43.

［20］ 郑阳.医疗人工智能的关键技术及应用.医学信息,2021,34(2)：19－22.

［21］ 郑泳智,朱定局,吴惠粦,等.知识图谱问答领域综述.计算机系统应用,2022,31(4)：1－13.

［22］ 朱谷雨,张景尚,万修华.人工智能在眼科的应用进展.国际眼科纵览,2019(1)：14－18.

［23］ 朱丽兰,郭磊,李英.虚拟现实技术在医疗保健领域的应用与前景.信息与电脑(理论版),2021,33(4)：10－12.

［24］ A Barragán-Montero, U Javaid, G Valdés, et al. Artificial intelligence and machine learning for medical imaging: A technology review, *Phys Med*, 2021, 83：242－256.

［25］ G Currie, K E Hawk, E Rohren, et al. Machine Learning and Deep Learning in medical imaging: intelligent imaging. *J Med Imaging Radiat Sci*, 2019, 50(4)：477－487.

［26］ K Harezlak, M Blasiak, P Kasprowski. Biometric Identification Based on Eye Movement Dynamic Features, *Sensors (Basel)*, 2021, 21(18)：6020.

［27］ R Hamamoto. Application of Artificial Intelligence for Medical Research, *Biomolecules*, 2021, 11(1)：90.

（本章作者：金琰斐　徐费凡）

第三章　人工智能在手术中的
应用与展望

本章学习目标

通过本章学习,你应该能够:

1. 了解人工智能机器学习能力的重要性。

2. 了解人工智能对外科疾病的预测能力。

3. 了解人工智能的跨领域协同作用。

4. 了解人工智能对外科医生的影响与局限。

随着科技的进步,人工智能(AI)在医疗方面的作用日益凸显,它已逐渐渗透到临床中的每一个步骤,尤其对临床电子病历等信息的采集以及术中精准成像等方面的工作而言更是至关重要的。试想一下,当外科医生在手术治疗的过程中遇到一个棘手的问题时,如果可以立即调动全世界各地专家的智慧,集思广益,汲取经验寻找对策,那将是何等的高效;如果能更为精准地预测病情的发展走向,就可以为更多患者减轻痛苦,拯救更多不堪重负的家庭。然而 AI 在外科手术中的应用潜力远不止于此,本章将着重介绍 AI 在外科手术中的意义与前景。

一、引言

人工智能是研究和开发用于模拟、延伸和扩展人的智能的理论、方法、技术及应用系统的一门新的技术科学。AI 曾经被认为只是一种天马行空的幻想,但经过多年的研究,AI 已经成为时代的主题,在众多领域都展现出其无可替代的优越性。人们对 AI 的态度,经历了从恐惧到接受,再到对 AI 的应用产生热切的期待。随着科技的快速发展,外科手术也将从中获益。AI 的核心领域有很多,包括机器学习、人工神经网络、自然语言处理、计算机视觉等,其均可以从不同的角度在外科手术的不同阶段发挥各自的作用。对于外科医生来说,首先要了解 AI 的技能与特性,充分地掌握 AI 的优势与局限,才能更好地使用它们。

二、人工智能机器学习在手术中的应用

与传统的计算机只能通过明确的程序编辑来实现预期的行为不同,AI 具有极其出色的机器学习能力,可以对数据及其规律进行识别和学习,并作出预测。

(一) 机器学习

1. 机器学习的主要类别

机器学习(ML)主要包括:监督学习、非监督学习、强化学习及深度学习。(1)监督学习。监督学习即在计算机中输入由人类标记好的数据,明确数据的分类及分析方法,AI 即可通过掌握其中的规律从而获得对新的数据进行分析归类的能力,用于通过训练来预测一个可知的结果。例如,通过在正常脏器的图像加上标签,AI 就能获取对该脏器的识别能力,进而对临床数据进行分析归类。(2)非监督学习。非监督学习即直接将未标记的数据输入,AI 可通过识别不同数据之间的差异,从而找出数据之间的规律,用于搜寻数据之间客观存在的规律并予以分析。例如,通过识别不同图片颜色之间的鲜艳程度,可以识别出血组织的图像及非出血组织的图像,从而对其进行分类。(3)强化学习。强化学习即 AI 试图独立完成一项任务,并分析学习所得到的正确或错误的结果,进而对其进行调整,从而获得最大的期望回报。例如,在某项研究中,强化学习被应用于糖尿病的治疗,AI 通过对患者的血糖进行连续的检测,并在智能调整器的帮助下为患者提供最佳剂量的胰岛素,这种全自动算法可以满足不同活动水平的患者对胰岛素的需要,并在夜间胰岛素给药等方面展

示出良好的效果。通过不同算法之间的相互配合,AI 在分析检测、流行病学及预测等方面展现出十分广阔的前景。(4)深度学习(DL)。深度学习是机器学习领域中一个新的研究方向,它的引入使机器学习更接近于最初的目标——人工智能。DL 是指学习样本数据的内在规律和表示层次,在学习过程中获得的信息对诸如文字、图像和声音等数据的解释有很大的帮助。它的最终目标是让机器能够像人一样具有分析学习能力,能够识别文字、图像和声音等数据。深度学习是一个复杂的机器学习算法,在语音和图像识别方面取得的成果十分显著。在相关的研究中,DL已在 CT 成像中发挥着不同程度的作用(图 3-1)。

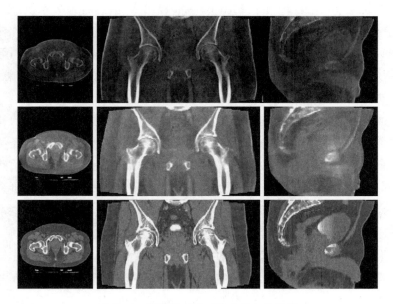

图 3-1　深度学习在 CT 成像中的应用

注:引用自参考文献(W Zhao et al., 2021),版权经 Quant Imaging Med Surg 许可。

2. 人工神经网络的预测能力

人工神经网络是机器学习的一个子领域,由许多被称为"神经元"的计算单元组成。人体神经系统中的神经元细胞由树突、细胞体和轴突三部分组成,在神经信号传导过程中,由树突接收刺激信号并传导至细胞体,再由轴突把刺激信号从细胞体传送到另一个神经元或其他组织中。人工神经网络完美地模拟了这一过程,它们接收数据输入(类似于生物神经元中的树突),执行计算,并将结果传递到下一个神经元(类似于轴突),在这一过程中隐藏层神经元进行计算以分析数据中的复杂关系(类似于细胞体)。

在最受关注的临床应用方面,人工神经网络拥有比传统方法更优秀的风险预测能力,已有研究将人工神经网络成功应用于急性重症胰腺炎的识别。在过去的 20 余年中,重症监护治疗与急性胰腺炎的死亡率、相关并发症的发病率之间的相关性已成为共识。许多急性重症胰腺炎患者可以在早期全身炎症反应中存活并进入下一阶段。在这一过程中,对于急性胰腺炎的严重程度评估是极为重要的,传统的急性胰腺炎严重程度评分系统是 20 世纪 70 年代初由 Ranson 提出来的,这种评分系统历史悠久,在预测急性胰腺炎严重程度的准确性上仍有很大的改善空间。在新的研究中,人工神经网络在预测急性胰腺炎严重程度的准确度上明显高于传统的评分系统,这对重症急性胰腺炎的治疗及预后具有深远的意义,人工神经网络系统有望成为该疾病预测的精准指标。

腹主动脉瘤是腹部主动脉血管异常扩张,这种疾病具有很高的死亡率并常伴并发症,严重影响患者生存质量且会给患者带来极大的经济负担。研究人员基于这一现状,以人工神经网络为基础提出了一种预测系统,对接受腹主动脉瘤开放修复术的患者院内死亡率进行预测。研究结果显示,该系统预测的准确率可达 95% 以上,对规划护理患者、减少不良手术结果并尽可能地节省术后治疗的成本具有十分重要的作用。

(二) AI 的自然语言处理对手术患者的意义

自然语言处理是 AI 领域的一个重要方向,旨在研究出能实现人与计算机之间用自然语言进行有效通信的各种理论和方法,其对于电子病历(Electronic Medical Record,EMR)数据等内容的大规模分析至关重要。自然语言处理对 AI 的要求较高,除识别医学中的专有名词外,还要对语言中的语法、情感、意图等进行分析与推断,使外科医生在临床文档的数据编写中更加流畅自然,同时又不会影响数据识别分析的准确性。在临床中,自然语言处理可对电子病历中的短语等进行梳理,从而对手术患者可能发生的并发症进行预测。在一项涉及 2 974 位患者的研究中,自然语言处理能够自动识别电子病历中的术后并发症,对于急性肾衰竭、深静脉血栓、肺炎、败血症及术后心肌梗死的识别能力也显著提高。

（三）人工智能计算机视觉的作用

计算机视觉被称为人工智能的眼睛，是 AI 领域中的一个重要分支。计算机视觉利用数字技术来分析视觉图像或视频并将其作为可量化的特征，在数据集中识别出有统计意义的事件，如通过颜色、纹理和位置等的不同来判断出血的组织。通过计算机视觉，AI 增强了对图像或视频的理解能力，将对物体和场景的识别分析能力上升到了一个新的高度。计算机视觉不仅越来越多地被应用于实验研究，在临床应用研究中也发挥着重要作用。已有的相关研究显示，通过计算机视觉 AI 在腹腔镜胃切除术的精准识别程度高达 92.8%，并大大地提高了手术图像采集信息量。此外，相关研究指出计算机视觉的辅助作用还可以模拟还原复杂的心脏运动，从而为进一步诊疗打下基础（图 3 - 2）。在另一项研究中，研究人员阐述了计算机视觉辅助手术在腹腔手术前、术中、术后的广泛应用可以有效地提高手术的效率与疗效。该研究指出，计算机辅助在腹腔手术中的作用具体包括：术中导航、机器人辅助手术、人机界面、计算机辅助外科培训、临床决策支持及术中引导。

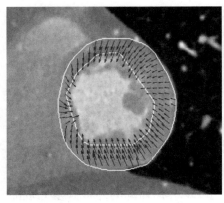

图 3 - 2　心脏左心室收缩期的二维运动估计结果（左图）
心脏体积与三维运动估计结果的舒张期（右图）

注：引用自参考文献（J Olveres et al., 2021），版权经 Quant Imaging Med Surg 许可。

1. 术中导航

术中导航能够帮助外科医生更好地了解患者的解剖结构,从而在保证手术顺利完成的同时避免损伤重要的脏器血管或神经。导航系统可以在术前和术中分别发挥作用,将图像坐标对齐统一,从而帮助医生精准定位肉眼难以观察到的解剖特征。这项技术在神经系统手术中应用广泛,并逐渐在腹腔手术中发挥重要作用,如肾上腺切除术、儿科脾切除术、胰十二指肠切除术、食管切除术和肝切除术等。

2. 机器人辅助手术

机器人辅助手术近年来在外科手术领域发展十分迅速,尤其是达·芬奇机器人。达·芬奇机器人辅助手术是由外科医生使用双手和脚踏板直接操控,由多功能机器人手臂进行精细的手术操作,这大大提高了手术的精细度,操作与腔镜手术相比也更为方便。与传统开放手术相比,达·芬奇机器人手术的患者使用的止痛剂更少、住院时间更短。还有证据表明,在前列腺切除手术中,达·芬奇机器人能够明显提高排尿功能,降低术中器官损伤风险,减少手术残留。此外,达·芬奇机器人手术在子宫切除术以及结直肠手术中都展现出了独特的优势。然而,达·芬奇机器人仍存在着一定的局限性,例如,承载机器人手臂的系统车灵活度不够,拖慢了手术的进行速度;昂贵的费用使达·芬奇机器人应用变得不那么容易普及。

3. 人机界面

人机界面,又称用户界面或使用者界面,是人与计算机之间传递、交换信息的媒介和对话接口,是计算机系统的重要组成部分。人机界面可以同时涉及人的感官动作以及机器的输入输出,已有研究成果报道了其在肝切除术和肺节段切除术、神经外科手术和肾镜取石术中的良好表现。通过使用具有触觉反馈的计算机虚拟现实功能(Virtual Reality,VR)模拟训练,计算机辅助外科培训技术在神经外科的手术的培训中得到了良好的反馈。在另外的一些研究中,参与过 VR 模拟训练的外科医生完成疝修补术耗时更短,发生术后并发症的概率更低。VR 模拟训练的内容包括提供手术视频、手术技术讲解、相关解剖和围手术期管理。VR 模拟训练系统的三维可视化能帮助外科医生了解脏器特性,即使是面对解剖结构较为复杂的肝脏,也可以通过这种训练帮助受训者提高对其评估的能力。

4. 临床决策支持系统

随着数据采集系统的发展及患者信息的日渐丰富,外科医生所面对的信息变得更加复杂而庞大,这使得临床决策支持系统的重要性日益提高。已有研究团队开发出了一种临床预测支持系统,该系统包含了大量结肠癌临床信息和病理结果,在预测被诊断为结肠癌的患者的个体生存率方面展现了出众的能力。由此可见,临床决策支持系统可以帮助外科医生解决棘手的临床问题,具有很高的应用前景。

尽管计算机视觉还处于发展的早期阶段,临床研究才开始在诊断和医疗领域中崭露头角。但在未来的几年里,这些工具和技术将被应用到更广泛的领域中。

三、人工智能与其他领域的协同潜能

AI 的各个子领域为与其他领域的协同作用创造了无限的可能,当其融合了其他计算机因素,就可以在应用程序等方面展现出广阔的前景。

(一)人工智能对吻合口瘘发生可能性的评估

目前临床中对吻合口瘘发生可能性的评估主要是通过外科医生进行主观评估,导致预测的准确性有限。在新兴的研究中,AI 被应用于结直肠癌术后吻合口瘘的预测。吻合口瘘是结直肠癌胃肠手术后一种相对常见的术后并发症,约 5%～15% 的患者会在术后出现吻合口瘘。这一并发症的发生与患者的死亡率息息相关,因此,对于结直肠癌手术的患者来说,尽早对发生吻合口瘘的可能性进行预测是至关重要的。研究人员利用北挪威大学医院胃肠学系多年来记录的一个电子病历数据集,通过融合数十万份临床记录和自由文本形式的报告、血液测试和生理(生命体征)数据,以此提高系统的预测能力。最终的结果显示,这一系统通过结合临床中血液检测和生命体征等信息,成功地提升了吻合口瘘的预测能力,从而为未来的在线系统提供了基础,这有助于提醒临床医生有并发症风险的患者采取适当的措施。

(二)机器人微创手术技术

早在一百多年前,威廉·霍尔斯特德博士在美国创建了第一个外科

住院医师培训项目。他的训练模式非常简单:"看一个,做一个,教一个"。然而,现今的技术进步已经改变了一些手术的进行方式。这为重新审视霍尔斯特德的模式,寻找更好的培训外科医生的方法提供了机会。机器人微创手术就是众多技术进步之一,这一技术大大减少了患者术后输血或发生呼吸困难等术后并发症的可能性。已有研究指出,机器人微创手术技术将外科医生手术的操作及学习都提升到了一个新的高度。

（三）智能组织自助机器人

尽管越来越多地采用机器人辅助手术,但在人类控制的模式下,软组织的手术任务仍然是完全手动的。由于外科医生的手眼协调及经验等人为因素的影响,手术并发症的减少仍不能完全得到保证。在正常组织的手术中,术前模型演练已经成为一种能帮助自主手术成功的有效方式,术前模型与手术过程中解剖结构之间高度相似,使得精确执行计划中的手术任务成为可能。相比之下,由于软组织弹性和可塑性,其手术计划的术前预测显得更加困难。与刚性组织手术不同,软组织中的自主决策支持和手术任务的执行必须不断地适应不可预测的场景变化,包括非刚性变形。为此,研究人员研发了一种智能组织自助机器人(一种床边轻型机器人手臂)。这种机器人配备了定制近红外荧光成像的 3D 视觉跟踪系统,机器人软件通过聚焦在图像传感器上的微透镜阵列和在多个微透镜图像中看到的特征性位置,计算图像中每个像素的三维点,并成功完成了猪小肠的断端吻合手术。如果说机器人微创技术是辅助外科医生的有力助手,那么智能组织自助机器人则将自主机器人手术的想法向现实拉近了一大步。

尽管实现真正自主的机器人手术目前看似遥不可及,但跨领域的协同作用可能会加速 AI 在增强外科护理方面的能力。对 AI 来说,它的临床潜力在于它能够分析结构化和非结构化数据(如电子病历记录、生命体征、视频资料等)的组合,以此为依据作出临床决策。每种类型的数据都可以独立分析,或与不同类型的算法协同分析,从而进行创新。不同技术之间的协同反应可能会产生意想不到的革命性技术。例如,先进的机器人技术、计算机视觉和人工神经网络的协同合作促成了自动驾驶汽车的出现。同样的,AI 可以和其他领域的独立组件结合在一起,为医疗事业作出更大的贡献。因此,作为外科医生应积极参与评估 AI 发展的质量与适用性,以帮助其更好地应用于临床实践。

四、人工智能的限制

每一项新技术的诞生与发展都是在人们的期望、失望、改进并再期望的过程中不断进步的,与任何科学成果一样,AI 旨在帮助人们更好地解决问题。虽然其不可能替代所有的传统医疗技术手段,但只要朝着正确的科学方向并辅以严谨的数据分析,人们就可以更好地使用它。然而任何事物都具有两面性,AI 的错误使用也会带来一定的风险。

(一)临床数据的系统性收集

临床数据的系统性收集是 AI 的重要输入来源,并在很大程度上影响着 AI 的输出,当系统性数据收集的准确性不够而出现偏差时,就会误导 AI 的识别或预测,导致得到的结果变得不可信。所以,研究结果的有效性是人们十分关注的问题。研究的设计、实施和分析,研究临床相关性等因素都可以影响整个研究系统的质量,从而影响研究结果的有效性。有效性的概念在于,除了随机误差以外,拥有个体差异的不同患者接受不同的干预措施或治疗,从而影响研究结果。在 AI 中最重要的就是内部效度的影响。内部效度总是会不可避免地受到各种各样因素的影响,即任何推理阶段的过程都倾向于产生与真实价值不同的结果。

(二)临床试验中的偏差

临床试验中,偏差可分为四类:选择偏倚、实施偏倚、测量偏倚和损耗偏倚。(1)选择偏倚。选择偏倚指的是在研究过程中因样本选择的非随机性而导致得到的结论存在偏差,即把样本分为典型的几个类别,然后在进行概率估计时,过分强调这种典型类别的重要性,而不顾有关其他潜在可能性的证据。选择性偏差的后果势必使人们倾向于在实际上是随机的数据序列中"洞察"到某种模式,从而造成系统性的预测偏差。简而言之,选择偏倚可能会在样本的选择分配上造成误差,从而影响后续结果。(2)实施偏倚。实施偏倚产生在实施干预措施的过程中,如果向某一试验组对象提供额外的治疗干预措施,就会出现表现偏差,对研究者和研究对象采用盲法可以有效地避免实施偏倚,同时避免了安慰剂效应产生的影响。（3）测量偏倚。测量偏倚发生于结果采集及分析过程中,采用统一、标准化测量的方法,可避免测量偏倚,合理地使用盲法也能有效地避免测量偏倚。（4）损耗偏倚。损耗偏倚指在采集数据的过程中,患者偏离方案或出现失访,从而影响研究结果。其中,可能偏离方案的偏差包括违反资格标准和不遵守治疗;失访是指患者在研究期间的某个阶段由于拒绝进一步参与(也称为退出)而无法联系患者进行检查,或停止被指定的临床干预措施,例如,当患者出现急剧恶化或严重的副作用时,可能导致他们后期无法再进行随访。当患者无法坚持治疗时,也会导致预后的结果出现差异。在数据采集的过程中,一些因各种原因而死亡的患者又需要被排除在分析之外,这又在一定程度上造成了偏差的产生。

大量的案例研究表明,上述偏差在现实中是确确实实地发生了的,并最终颠覆了临床试验的结果。从机器学习的角度来说,监督学习依赖于数据的标记,而昂贵的数据收集费用是数据标记的一大阻力,同时标记不良的数据也将对数据产生不好的影响。已有的一项分析研究显示,在一次针对气胸患者的研究中,有一部分患者 X 光片中的胸腔引流管被认作气胸而被错误地输入了数据集。算法的问责性、自动化分析的安全性及可验证性、这些分析对人机互动的影响都可能会影响 AI 在临床实践中的应用。这些担忧阻碍了 AI 算法在从医学到自动驾驶等许多应用领域的使用,并推动着科学家们对 AI 的进一步研究。

五、人工智能与外科医生

AI 对外科医生的帮助首先体现在对其技能的辅助与增强,比如决策判断的能力。研究显示,病理学家可利用 AI 成功地将其识别癌性淋巴结的错误率从 3.4% 降低到 0.5%。此外,AI 还可以帮助外科医生和放射科医生有效地减少对乳腺癌高危病变乳腺活检的误判率。在不久的将来,AI 可能会在患者治疗的每一个阶段中都扮演重要的角色。

（一）AI 在手术中的作用

在术前,AI 可为患者提供持续地追踪监测,以便丰富患者的电子病历信息,这不仅可以为手术计划提供更具体的针对患者的风险评分,还可以为术后护理提供有价值的预测因素,为后续治疗打下坚实基础。在术中,AI 可以和多种仪器协同发挥作用,提供手术视频、实时监测患者各项指标与体征,为术中决策提供有价值的信息。在术后,AI 可追踪患者情况,及时反馈患者预后情况,最大限度减轻术后并发症发生可能的同时丰富自己的数据集。AI 可以作为一个庞大的网络,将世界各地的手术视频、电子病历等进行整合并知识共享,从而生成一个实践和技术的数据库,并根据结果进行评估。在经济方面,AI 同样可以为人类医疗事业作出巨大贡献。据大数据分析预测,AI 每年可以为人类节省数以千亿计的医疗保健支出费用,这在很大程度上增加了推动 AI 发展的动力。

（二）外科医生的重要作用

在 AI 的发展过程中,外科医生发挥着举足轻重的作用。AI 在手术中的发展需要外科医生的主动创新推动而不是被动地等待科技的进步,所有的进步最终都会回馈给外科医生。例如,数据的缺乏可能会大大限制 AI 的作用,外科医生可以踊跃地参与到临床数据的收集工作中,以改善 AI 的准确预测能力。随着数据清理技术的改进数据收集登记处可能会扩大其效用,并增加临床、基因组学、蛋白质组学、放射学和病理数据的可用性。外科医生作为采用 AI 技术的关键利益相关者,应寻求机会与数据科学家合作,以获取新的临床数据形式,并帮助对这些数据产生有意义的解释。外科医生作为最大的相关受益者,可以通过积极和不同领域专家的合作,将临床数据收集工作的效率达到最大化。外科医生作为与患者沟通的直接主体,在临床信息的采集中起到了着举足轻重的作用。外科医生应尽快建立与患者之间高效、有价值的沟通渠道,从而丰富信息量,提高 AI 风险预测等能力。

小结

从建立数据系统到术中视频分析,AI 在临床中的应用范围正在不断地扩大:应用机器学习的监督学习、非监督学习及强化学习加强 AI 的数据分析采集;应用人工神经网络提高 AI 的风险预测能力;应用自然语言处理丰富 AI 通过电子病历识别术后不良反应的能力;应用计算机视觉来提高手术精准程度;在与各个领域的协同作用中不断尝试新的可能。AI 在临床中的应用前景还远不止于此,无论是对技能的辅助还是增强临床决策,它都将通过完善其独特的性能来优化对患者的护理和外科医生的工作流程。在这其中,外科医生的特殊位置使他们有责任有义务引领 AI 向更好的方向发展,从而使医疗保健事业得到更好的发展。

思考与练习

1. 人工智能中的机器学习可分为哪四类?
2. 人工智能是否已经可以替代外科医生进行自主手术?
3. 人工智能在外科手术中还存在哪些限制?
4. 人工智能在外科手术中的应用还存在哪些可能?

参考文献

[1] A Monsalve-Torra, D Ruiz-Fernandez, O Marin-Alonso, et al. Using machine learning methods for predicting inhospital mortality in patients undergoing open repair of abdominal aortic aneurysm. *J Biomed Inform*, 2016,62: 195 – 201.

[2] A Pandya, L Reisner, B King, et al. A review of camera viewpoint automation in robotic and aparoscopic surgery. *Robotics*, 2014, 3(3): 310 – 329.

[3] B B Yarlagadda, M S Russell, G A Grillone. In robotic surgery of the head and neck. *G. A. Grillone, S. Jalisi, Eds*, 2015,1: 1 – 11.

[4] B Zendejas, D A Cook, J Bingener, et al. Simulation-based mastery learning improves patient outcomes in laparoscopic inguinal hernia repair: a randomized controlled trial. *Ann Surg*, 2011, 254(3): 502 – 509.

[5] C Pape-Koehler, C Chmelik, A M Aslund, et al. An interactive and multimedia-based manual of surgical procedures: Webop: an approach to improve surgical education. *Zentralbl Chir*, 2010, 135(5): 467 – 471.

[6] C Robertson, A Close, C Fraser, et al. Relative effectiveness of robot-assisted and standard laparoscopic prostatectomy as alternatives to open radical prostatectomy for treatment of localised prostate cancer: a systematic review and mixed treatment comparison meta-analysis. *BJU Int*, 2013, 112(6): 798 – 812.

[7] D Moher, B Pham, A Jones, et al. Does quality of reports of randomised trials affect estimates of intervention efficacy reported in meta-analyses? *Lancet*, 1998, 352: 609 – 13.

[8] E A Murphy. *The logic of medicine*. Baltimore: Johns Hopkins University Press, 1976.

［9］ G E Hinton, S Osindero, Y-W Teh. A fast learning algorithm for deep belief nets. *Neural Comput*, 2006, 18: 1527 - 1554.

［10］ G P Moustris, S C Hiridis, K M Deliparaschos, et al. Evolution of autonomous and semi-autonomous robotic surgical systems: A review of the literature. *Int. J. Med. Robot*, 2011, 7: 375 - 392.

［11］ G R Sutherland, S Wolfsberger, S Lama, et al. The evolution of neuroArm. *Neurosurgery*, 2013, 72: A27 - A32.

［12］ H G Kenngott, J Neuhaus, B P Muller-Stich, et al. Development of anavigation system for minimally invasive esophagectomy. *SurgEndosc*, 2008, 22 (8): 1858 - 1865.

［13］ H G Kenngott, L Fischer, F Nickel, et al. Status of robotic assistance: a less traumatic and more accurate minimally invasive surgery? *Langenbeck's Arch Surg*, 2012, 397 (3): 333 - 341.

［14］ H J Murff, F FitzHenry, M E Matheny, et al. Automated identification of postoperative complications within an electronic medical record using natural language processing. *JAMA*, 2011,306: 848 - 855.

［15］ J Eberhardt, A Bilchik, A Stojadinovic. Clinical decision support systems: potential with pitfalls. *J Surg Oncol*, 2012, 105(5): 502 - 510.

［16］ J H Ranson, K M Rifkind, D F Roses, et al. Prognostic signs and the role of operative management in acute pancreatitis. *Surg Gynecol Obstet*, 1974, 139: 69 - 81.

［17］ J J Rassweiler, M Muller, M Fangerau, et al. iPad-assisted percutaneous access to the kidney using marker-based navigation: initial clinical experience. *Eur Urol*, *2012*, 61(3): 628 - 631.

［18］ J Marescaux, F Rubino, M Arenas, et al. Augmented-reality-assisted laparoscopic adrenalectomy. *JAMA*, 2004, 292(18): 2214 - 2215.

［19］ J Olveres, G González, F Torres, et al. What is new in computer vision and artificial intelligence in medical image analysis applications. *Quant Imaging Med Surg*, 2021, 11(8): 3830 - 3853.

［20］ K F Schulz, I Chalmers, R J Hayes, et al. Empirical evidence of bias. Dimensions of methodological quality associated with estimates of treatment effects in controlled trials. *JAMA*, 1995,273: 408 - 412.

［21］ L L Kjaergard, J Villumsen, C Gluud. Quality of randomised clinical trials affects estimates of intervention efficacy. *Proceedings of the 7th Cochrane colloquium. Universita S.Tommaso D'Aquino, Rome. Milan: Centro Cochrane Italiano*, 1999: 57

（poster B10）.

［22］ L W Nifong, V F Chu, B M Bailey, et al. Robotic mitral valve repair: Experience with the da Vinci system. *Ann. Thorac. Surg*,2003, 75, 438 – 443.

［23］ L Zappella, B Béjar, G Hager, et al. Surgical gesture classifification from video and kinematic data. *Ann Surg*, 2018, 268(1): 70 – 76.

［24］ M Kranzfelder, C Staub, A Fiolka, et al. Toward increased autonomy in the surgical OR: needs,requests, and expectations. *Surg Endosc*, 2013, 27 (5): 1681 – 1688.

［25］ M Muller, M C Rassweiler, J Klein, et al. Mobile augmented reality for computer-assisted percutaneous nephrolithotomy. *Int J Comput Assist Radiol Surg*, 2013, 8 (4): 663 – 675.

［26］ M Remacle, V M N Prasad, G Lawson, et al.Transoral robotic surgery (TORS) with the Medrobotics Flex™ System: First surgical application on humans. *Eur. Arch. Otorhinolaryngol*,2015,272: 1451 – 1455.

［27］ M Volkov, D A Hashimoto, G Rosman, et al. Machine Learning and Coresets for Automated Real-Time Video Segmentation of Laparoscopic and Robot Assisted Surgery. *IEEE International Conference on Robotics and Automation*, *Singapore*, 2017: 754 – 759.

［28］ N Hirst, J Tiernan, P Millner, et al. Systematic review of methods to predict and detect anastomotic leakage in colorectal surgery. *Colorectal Dis*, 2014, 16 (2): 95 – 109.

［29］ P Jüni, D Tallon, M Egger. "Garbage in-garbage out"? Assessment of the quality of controlled trials in meta-analyses published in leading journals. *Proceedings of the 3rd symposium on systematic reviews: beyond the basics*, *St Catherine's College*, *Oxford*. *Oxford*: *Centre for Statistics in Medicine*, 2000: 19.

［30］ R M Mitchell, M F Byrne, J Baillie. Pancreatitis. *Lancet*,2003,361: 1447 – 1455.

［31］ R Modifi, M D Duff, K K Madhavan, et al. Identification of severe acute pancreatitis using an artificial neural network. *Surgery*, 2007,141: 59 – 66.

［32］ R S Sutton, A G Barto. Reinforcement learning: an introduction. *Cambridge MIT Press*,1998,1.

［33］ S Ieiri, M Uemura, K Konishi, et al. Augmented reality navigation system for laparoscopic splenectomy in children based on preoperative CT image using optical tracking device. *Pediatr Surg Int*, 2012, 28(4): 341 – 346.

［34］ S Onda, T Okamoto, M Kanehira, et al. Identification of inferiorpancreaticoduodenal artery during pancreaticoduodenectomy usingaugmented reality-based navigation system. *J Hepato-BiliaryPancreat Sci*, 2014, 21(4): 281 – 287.

［35］ T B Sheridan. Telrerobotics, Automation, and Human Supervisory Control. *MIT Press, Cambridge*, 1992：14.

［36］ T Okamoto, S Onda, M Matsumoto, et al. Utility of augmented realitysystem in hepatobiliarysurgery. *J Hepato-Biliary-Pancreat Sci*, 2013, 20(2)：249253.

［37］ W Deng, F Li, M Wang, et al. Easy-to-use augmented reality neuronavigation using a wireless tablet PC. *Stereotact Funct Neurosurg*, 2013, 92(1)：17－24.

［38］ W Zhao, L Shen, M T Islam, et al. Artificial intelligence in image-guided radiotherapy：a review of treatment target localization. *Quant Imaging Med Surg*, 2021,11(12)：4881－4894.

（本章作者：王子琦　李弘　杨力明）

第四章　当膀胱癌遇上人工智能

本章学习目标

通过本章学习,你应该能够:

1. 了解膀胱癌诊疗现状与瓶颈。
2. 认识人工智能在膀胱癌诊断中的意义。
3. 明确人工智能在膀胱癌治疗中的潜能。
4. 了解人工智能在膀胱癌复发预测中的作用。

　　癌症已经成为全球第二大致死性疾病,严重威胁着人类的生命健康。癌症给患者带来的不仅是心理压力,更是巨大的经济负担。因此,"谈癌色变",这是许多人根深蒂固的观念,相当于"得了恶性肿瘤,就等于世界末日,等于宣判了死刑"。膀胱癌是泌尿系统最常见的恶性肿瘤之一,且极易复发,5 年复发率可高达 80%。反复的复发导致膀胱癌的治疗费用位居所有实体恶性肿瘤之首,给患者带来了巨大的经济负担。如何实现膀胱癌的精准早期诊断、个体化治疗以及智能化监测是降低其复发率和治疗费用的关键。随着科技的不断进步,人工智能已经全面渗入我们的日常工作和生活中,在癌症精准诊疗领域取得了突破性发展,本章将重点介绍人工智能在膀胱癌诊疗过程中的应用现状。

一、引言

膀胱癌的五年复发率可高达80%,其高复发率的主要原因在于术前难以早期诊断、术中难以彻底切除以及术后难以精准监测。随着医学技术的不断发展,基于微观和宏观的新型成像技术应运而生,其中共聚焦内窥镜和光学相干断层扫描技术提高了膀胱癌的检出率并可辅助其进行临床分期;造影剂联合荧光膀胱镜提高了膀胱癌的切除率,在一定程度上降低了术后的复发风险。但上述方法均为侵入式操作,而膀胱癌术后仍需要膀胱镜检查来监测复发,频繁的有创性检查会给患者带来巨大的生理不适和心理抵触,这在一定程度上限制了其在临床的广泛应用。因此,迫切需要一种无创、高敏感性和高特异性的检测方法来进行精准诊疗和动态监测。在信息时代的大背景下,人工智能取得了井喷式发展并已经被应用到生活中的方方面面。在膀胱癌诊疗方面,机器学习和深度学习等人工智能手段发挥着重要的作用,基于机器学习的影像组学可提高膀胱癌微小肿瘤的检出率,提高术中切除率;深度学习模式可建立复发和预后模型以智能监测患者的复发和预后情况,从而降低常规侵入性操作带来的副损伤。因此,人工智能将会给膀胱癌诊疗安上理想的翅膀,在术前诊断、术中切除、术后监测等方面给膀胱癌诊疗带来革命性的变革。

二、膀胱癌的诊疗现状

膀胱癌作为泌尿系统最常见的恶性肿瘤之一,具有高发病率、高死亡率和高复发率"三高"特点,其5年复发率可达50%~80%。膀胱癌组织绝大多数来自上皮组织,其中,90%以上的膀胱癌为尿路上皮癌,约5%为鳞癌,2%~3%为腺癌。1%~5%的膀胱癌来自间叶组织,多数为肉瘤如横纹肌肉瘤,是儿童软组织肉瘤中最常见的一种。根据癌浸润膀胱壁的深度,临床上将尿路上皮癌中的原位癌(Tis)、非浸润性乳头状癌(Ta)和肿瘤侵及上皮下结缔组织(T1)称为非肌层浸润性膀胱癌;肿瘤侵及肌层(T2)及穿透肌层称为肌层浸润性膀胱癌。目前对膀胱癌的筛查和诊断方法有很多,尿液脱落细胞学检查作为膀胱肿瘤的早期诊断方法,具有无痛苦、方便、易为患者接受等优势，但诊断的准确率不高，易受炎症的影响。影像学检查中，超声检查简单易行，能发现直径>0.5 cm的肿瘤，可作为病人的最初筛查；尿路造影以及尿路重建对较大的肿瘤可显示为充盈缺损，并可了解肾盂、输尿管有无肿瘤以及膀胱肿瘤对上尿路的影响；电子计算机断层扫描CT（Computed Tomography）和磁共振成像MRI（Magnetic Resonance Imaging）可以判断肿瘤浸润膀胱壁深度、淋巴结以及内脏转移情况。这些医学影像检查技术在发现较大的病灶中优势明显，但不易鉴别炎性改变、原位癌等病灶。膀胱镜是诊断膀胱癌最重要的检查，而通过膀胱镜下组织病理学活检是诊断膀胱癌的金标准。膀胱镜下可以直接观察到肿瘤的部位、大小、数目、形态，初步估计其浸润程度等，并可对肿瘤和可疑病变进行活检。随着内窥镜技术的不断发展，膀胱镜已经完成了从白光到荧光，再到窄带光谱的演变，在一定程度上提升了膀胱癌诊断过程中的特异性和灵敏性，特别是对微小病灶的检出率不断提高，超过80%的非肌层浸润型膀胱癌在膀胱镜下可被识别。膀胱镜检查主要局限于膀胱镜的有创性，同时术后复发的监测需要反复进行膀胱镜检查，这给患者身心健康造成了严重影响，同时也给患者带来了巨大的经济负担。此外，组织活检也会受到无法在任何时间点对肿瘤的每个部分进行采样的限制；组织活检具有滞后性、部分患者因自身条件不适合组织活检、有创的组织活检可能加速肿瘤转移风险、已发生转移的癌症患者组织取样可能无法反映患者整体情况等问题。目前，膀胱癌的治疗以手术治疗为主，对于非肌层浸润性膀胱癌采用经尿道膀胱肿瘤电切术，同时术后给予腔内化疗或放疗防止复发；根治性膀胱切除术则应用于肌层浸润性膀胱癌或者膀胱非尿路上皮癌，必要时术后辅助化疗或放疗。选择哪种手术方式是建立在对膀胱癌准确诊断基础之上的，从有关膀胱癌研究的最新进展来看，疾病谱异质性可能导致膀胱癌的分类和分期发生变化，进而影响治疗方案的选择，最终造成治疗不足或过度治疗。同时术后的辅助化疗或放疗只能预防或推迟肿瘤的复发和进展，不能完全遏止肿瘤的发展。面对上述膀胱癌常规诊疗技术带来的不确定性，我们急需发展新的诊疗模式。

三、人工智能在膀胱癌诊疗中的应用

（一）人工智能在膀胱癌精准诊断中的应用

人工智能（AI）是综合了计算机科学、语言学、哲学等多种学科而发展起来的一门综合性交叉学科，是一门集新思想、新技术于一体的综合性新兴学科。目前，AI 已经被广泛应用于各个领域，其在智能影像、疾病早期诊断、术前培训、术中导航、围术期管理、智能病理、虚拟助手等医疗健康领域发展迅猛。正如在 2020 年中国国际工博会上亮相的健康智能机器人，它依托数据采集与 AI 云分析等多种技术，短短 2 分钟，就能精准检测、感知并评估人体各系统个体潜在的风险，AI 正在给我们的日常生活带来前所未有的变革。机器学习是 AI 核心，是使计算机具有智能的根本途径。深度学习是机器学习领域中一个新的研究方向，深度学习使机器模仿视听和思考等人类的活动，解决了很多复杂的模式识别难题，使得 AI 相关技术取得了很大进步，目前已被广泛应用于肿瘤诊断。人们利用深度学习模式，将其应用于肿瘤精准诊断、分子分型、术前培训、术中导航、术后化疗疗效预测、复发与预后预测等方面。AI 的综合性、动态性等特点正在改变和重塑目前传统的医疗系统和诊疗模式，使医生在互联网大背景下借助 AI 提高其临床能力，从而作出让患者获益最大的、最优的临床决策。随着互联网大数据时代的到来，AI 逐渐在膀胱癌的精准诊疗中显示出巨大的优越性。

计算医学成像，也称为放射组学，最早由荷兰学者 Philippe Lambin 在 2012 年提出。放射组学可以将医学图像进行整合分析，并将其转化为定量数据，提供基于图像的生物标志物以帮助临床医生进行精准诊断。与活检相比，放射组学生物标志物具有非侵入性、易重复性等特点，能够评估肿瘤的微环境、空间异质性和疾病进展。近年来，一些研究提出了放射组学在膀胱癌精准诊断中的潜在用途。其中，多项研究证明了放射组学结合机器学习的巨大应用价值。例如，基于 CT/MRI 中弥散加权图像和表观扩散系数图像的膀胱壁三维纹理特征分析方法可以在术前无创地区分膀胱癌与正常膀胱壁组织，并且准确识别肿瘤的异质性分布，基于这些特征提出的放射组学，可以更好地促进术前基于图像的膀胱癌分级。从

癌变组织中提取的 MRI 纹理特征,被纳入机器学习模型后能在术前区分膀胱癌高低级别,准确率可达 83%。同时,基于 CT 的深度学习可以预测膀胱癌的肌层浸润情况,辅助临床医生对膀胱癌的临床分期进行判断。还一种基于纳米尺度分辨率扫描的诊断成像方法,通过使用原子力显微镜对尿液中收集的肿瘤细胞进行检测和识别,这种无创诊断膀胱癌的手段对膀胱癌的诊断率高达 94%。与普通的膀胱镜检查相比,该方法显著提高了诊断的准确性。此外,利用 AI 还能够提高膀胱镜下组织活检的精确性,从而降低活检的假阴性率。该方法利用深度卷积神经网络技术结合膀胱镜下组织活检,对预测阳性区域进行靶向组织活检,可实现减少或避免盲目的组织活检。在 AI 深度学习层面,对结合膀胱癌病理图像和正常膀胱组织图像建立的非肌层浸润性膀胱癌可利用机器学习算法进行精准分类。经过统计学分析,该模型诊断膀胱癌的 AUC(Area Under Curve,曲线下面积)灵敏度和特异度均在 90% 以上,这充分说明该方法可以有效降低膀胱癌的漏诊率和误诊率。此外,还可依托超高效液相色谱-质谱法对膀胱癌患者的代谢产物进行分析,分析代谢产物和尿液标志物,并利用机器学习建立算法。分析结果同样证明该算法具有良好的灵敏度和特异度。

在 AI 对膀胱癌分期分级评估方面,已经构建了基于 T2 加权像磁共振成像的残差网络(ResNet)的膀胱癌分级和分期双目标深度学习预测模型,该模型对膀胱癌分期和分级的预测准确率分别为 82% 和 79%。与传统的筛选特征方式相比,采用该端对端的预测模式能够更加准确地预测膀胱癌的分级和分期,具有重要的临床应用价值。

目前,AI 技术已被广泛应用在膀胱癌等泌尿疾病的辅助诊断中。但在某些方面还存在一定的局限性,它还处于不断完善和发展的阶段。相信随着 AI 技术的迅速发展,其在医疗领域也会发挥其越来越重要的作用。

(二) AI 在膀胱癌分子分型中的应用

随着医学研究的不断深入,临床医生越来越认识到精准医疗在临床应用过程中的重要性。精准医学的概念已深入人心,各种靶向治疗方案也在全世界各大医院中如火如荼地进行。"精准医学"能够针对不同患者的个体差异和临床特点,提供更加人性化、有针对性的治疗策略。其中,不同的分子亚型在患者预后和后续治疗中扮演着重要的角色。对于同一肿瘤的不同分子亚型,给予不同的治疗策略会显示出了巨大的疗效差异。因此,对肿瘤进行精准的分子分型是避免过度医疗和无效治疗的重要手段,进而实现精准医疗。

　　膀胱癌的分子分型一直是泌尿外科医生关注的焦点,自 1999 年肿瘤分子分型的概念被提出之后,对于膀胱癌分子分型的探索从未停止,从基于 Ki‐67 和 FGFR3 基因对膀胱癌进行分子分型到基于免疫组化的分子分型,再到基于基因分析的分子分型,临床医生一直在探索利用分子分型对膀胱癌进行靶向治疗。目前有关膀胱癌分子分型的研究主要集中在肌层浸润性膀胱癌,已报道的相关研究有贝勒大学、北卡罗来纳大学研发的二分法,得克萨斯大学安德森癌症中心研发的三分法,肿瘤基因组图谱(The Cancer Genome Atlas, TCGA)四分法、CartesdIdentiteds Tumeurs Curie 和瑞典隆德大学研发的五分法,它们均是在基因测序和聚类分析方法的基础上建立的。目前,人们对膀胱癌分子分型和术后对化疗反应性的关系很感兴趣,近期有研究阐明了膀胱癌患者的分子分型与患者术前对新辅助化疗(Neoadjuvant Chemotherapy, NAC)的反应性有关。已有研究团队利用 73 例经尿道切除的肌层浸润性膀胱癌组织的全基因组信息,通过分层分析法将膀胱癌分为基底样细胞型、管腔样细胞型和 p53 样型 3 种分子不同的亚型。另有研究发现,采用三分法确定分子亚型的膀胱癌患者对化疗表现出不同的反应性,具体表现为尽管基底样细胞型膀胱癌侵袭性高,但此亚型患者对新辅助化疗的反应性好,给予新辅助化疗能显著提高患者的 5 年生存率。与此相反,p53 样型膀胱癌患者表现出明显的化疗耐药性,因此对于 p53 样型膀胱癌患者的治疗更加倾向于免疫治疗或分子靶向治疗。此外,膀胱癌分子分型也可以反映患者对免疫检查点阻断治疗的疗效。在膀胱癌对阿特珠单抗治疗反应性的研究中,TCGA四分法中的Ⅱ型膀胱癌患者对阿特珠单抗表现出最强的反应性(有效率为 34%),而Ⅰ型患者的有效率仅为 10%,反应性最差,这说明膀胱癌患者生物免疫性存在差异。此外,研究人员通过分析 167 例 T1 期膀胱癌组织的免疫组织化学结果,将 T1 期膀胱癌分为 3 种不同的分子亚型:具有低进展风险的基底样细胞型、高进展风险的基因不稳定型和鳞状细胞癌样型,这表明不同的分子分型与免疫治疗密不可分,同时也为免疫检查点治疗的疗效评估提供了新的思路。

利用 AI 对膀胱癌分子分型进行快速精准预测的深度学习,有望为膀胱癌的精准治疗提供有效手段。目前,深度学习模型在从苏木精伊红(Hematoxylin-eosin, HE)切片中预测肌层浸润性膀胱癌患者的分子亚型方面表现出良好的效果和应用前景。越来越多的研究表明,这些亚型与患者的预后高度相关。此外,基于 AI 的深度学习算法还能直接从组织学HE 切片中预测 FGFR3 突变状态,并且正确预测 FGFR3 突变的肿瘤内异质性。研究人员已证明了分子分型能够预测患者是否对新辅助化疗有反应。例如,术前以顺铂为基础的治疗方案对基底鳞状细胞肿瘤的有效率很高。

上述成果虽然令人鼓舞,但至今尚未形成广泛的临床应用。相信随着以深度学习等 AI 技术的不断发展,基于 AI 的深度学习算法对分子亚型的评估会更加准确,相信在未来,将会给临床医生的临床决策提供帮助,对患者提供更加个性化的治疗。

(三) AI 在膀胱癌手术治疗中的应用

1. AI 与模拟培训

近年来,AI 医疗迅速进入人们的视野,在智能影像、智能病理、智能决策等方面得到了广泛应用,在外科领域也逐步成为一项可普及、可推广的技术。随着 AI 技术的飞速发展,使外科医生面临着新的机遇与挑战。外科医生要与时俱进,将自己的临床工作和 AI 技术结合起来。基于大数据分析和临床决策的支持系统,使 AI 有可能彻底改变手术教学和手术方式,并有望为未来疾病治疗提供优化方案作出贡献。目前,对外科手术的培训主要建立在单纯的外科解剖学理论上,通过临床实践逐步加深对解剖学理论的理解。但是,这也限制了手术技能的提升,在一定程度上不能准确地反映实际手术时的复杂情况。相反,在 AI 智能训练系统的辅助下,术前利用虚拟助手实现实时在线纠错和辅助功能,术中借助机器人得天独厚的优势不仅可以提高手术精准度和自动化程度,还可以减少术中术后并发症的发生,极大缩短了患者的住院时间(图 4 - 1)。此外,在此模式下外科医生的学习周期也大大缩减,成效迅速提升。

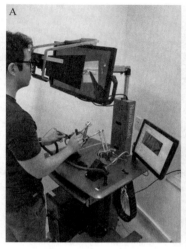

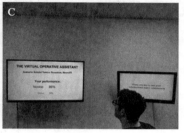

图 4－1 基于 AI 的手术培训

注：引用自参考文献 N Mirchi et al., 2020,版权经 the Public Library of Science 许可。

2. AI 与术前规划

目前对于膀胱癌的术式选择,主要是根据相关标准,结合外科医生的临床经验进行灵活变通,对于手术经验不足的临床医生来说,是一件充满挑战的事情。而 AI 与机器人的结合,则可以避免类似的问题,根据大数据比对和相关疾病参数特征,为医生提供更加个性化的手术方案,在标准的基础上,针对个体差异,基于不同个体的疾病表现,术前制定更加个性化的手术方式,实现对高危复杂病例术前进行模拟手术操作和充分规划(图 4－2)。这不仅可以提高手术的安全性和成功率,也能够给患者带来更加优质的服务。

3. AI 与术中导航

达·芬奇机器人手术作为一种全新的微创手术方式,已经被广泛地应用于我国泌尿外科手术领域,尤其是在膀胱癌这种切除后需要重建的手术中具有明显的优势。研究结果显示,采用达·芬奇机器人的术中和术后并发症发生率分别为 7% 和 21%,均显著低于腹腔镜下膀胱癌根治性切除术的并发症发生率。与腹腔镜下手术相比,机器人外科手术系统

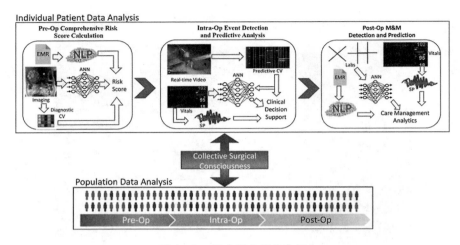

图 4-2 AI 在围术期的应用

注：引用自参考文献（D A Hashimoto et al., 2018），版权经 Annals of Surgery 许可。

不仅可以降低操作难度,缩短学习周期,且适用于盆腔内的精细操作,术后患者对镇痛的需求显著少于行传统开放手术者。达·芬奇机器人具有光学放大、三维视野、易于操控的特点,在根治性膀胱切除术中更具优势,可使外科医生在术中精准定位,更大程度地避免术中不必要的周围组织损伤,减少术中出血量,缩短术后恢复时间及平均住院日,且在围手术期并发症发生等方面均优于传统手术(图4-3),从而显著提升患者术后恢复和生活质量。机器人手术对患者创伤小、术后恢复快,这是因为机器人手术视野清晰,3D立体化程度较高,精细的手术器械在狭小的盆腔内操作更加灵活,能够完成人手和普通腹腔镜器械无法在盆腔内完成的工作。

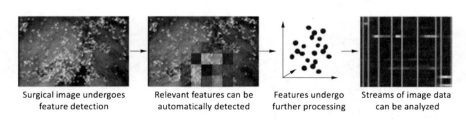

图 4-3 基于 AI 在术中对病灶的观察

注：引用自参考文献（D A Hashimoto et al., 2018），版权经 Annals of Surgery 许可。

随着 AI 技术的蓬勃发展,基于机器人的辅助医学手术导航系统为癌症患者的手术治疗方式带来了新的变革,给医生带来了新的机遇,在优化医生术中手术操作的同时,也减少了不必要的手术损伤,有效地避免了许多由术中盲区带来的风险。

(四)AI 在评估膀胱癌术后化疗疗效中的应用

与其他类型的肿瘤一样,化疗是治疗膀胱癌的重要手段之一,其在肿瘤病人长期管理中发挥着不可替代的作用。根据是否发生肌层浸润,膀胱癌可分为非肌层浸润性膀胱癌和肌层浸润性膀胱癌。非肌层浸润性膀胱癌的标准治疗方法是经尿道膀胱肿瘤切除术和术后辅以膀胱内灌注化疗药物(如卡介苗、吡柔比星等),但在临床实践中发现非肌层浸润性膀胱癌的肿瘤复发率依然很高,可达 50%~80%,少数患者甚至会发展为肌层浸润性膀胱癌,因此需要对患者进行动态随访并定期复查膀胱镜。可根治性切除的肌层浸润性膀胱癌患者的标准治疗方式是采用围术期新辅助化疗(Neoadjuvant Therapy,NAT)、根治性膀胱切除术和尿道重建的综合治疗;不可根治性切除的肌层浸润性膀胱癌患者采取姑息性放疗和(或)化疗加姑息性膀胱切除术。由此可见,化疗在膀胱癌的治疗中应用广泛。采用新辅助化疗可降低肿瘤分期分级,使存在绝对禁忌证而无法手术的患者获得手术治疗机会;同时还可以清除微小的转移病灶,进而减少肿瘤的远处转移以及术后复发情况,延长肌层浸润性膀胱癌患者的生存时间。与单纯的根治性膀胱切除术相比,辅以新辅助化疗能显著提高患者的生存期,降低疾病转移的概率。但不同的患者对于化疗的疗效反应不同,需要一种方法在进行 NAT 治疗前预测出患者对化疗的疗效,从而针对不同的患者进行个体化治疗。

随着 AI 技术的不断发展,深度学习和机器学习已经应用到智能医疗的各个方面。2019 年,Phillip Palmbos 等开发了一种基于 CT 的计算机决策支持系统(Computerized Decision Support System,CDSS‐T),用于评估肌层浸润性膀胱癌的化疗反应,它使用深度学习卷积神经网络(Deep Learning Convolutional Neural Network,DL‐CNN)和放射学来评估患者对新辅助化疗治疗疗效,CDSS‐T 能够为无反应者提供无创、客观和可重复的决策支持,以便可以在早期停止治疗从而保障他们的身体状况,这种方法在许多医学成像应用中显示出了巨大的前景。但该模型也有一定的局限性,如目前收集到的数据集比较缺乏,无法进行外部验证,从而影响了模型的普遍通用性。因此,在实际的临床工作中该方法只能为医生决策提供参考辅助价值,而不能作为唯一依据来指导医生工作。未来需要对模型进一步改进并开发新的算法模型,收集更多的数据集来进行训练验证,以提升其在未知情况下的通用性。相信随着 AI 技术的不断发展,将会有越来越多的基于深度学习的模型被开发出来,这些模型可以更加灵敏地为患者提供帮助,同时也能为医疗专业人员预测膀胱癌化疗反应提供决策支持,从而优化患者的治疗方案,实现个体化治疗。

（五）人工智能在评估膀胱癌复发及预后中的应用

准确预测癌症的复发及预后,是患者和临床医生共同关注的问题。这就要求医生要通过各种手段来预测病人的疾病进展,以追求及时、有效的治疗效果。如何对膀胱癌进行精准的复发和预后评估一直是泌尿外科医生面临的实际问题,但由于缺乏敏感的肿瘤相关标志物和预测模型,该过程受到了极大的阻碍。当前对癌症预后的预测主要依赖于对临床数据的分析,传统的统计测试的准确性有限,难以实现精准智能化评估。因此,急需新的方法来改善临床医生对癌症进展的预测。

AI 在评估膀胱癌复发及预后过程中发挥着重要的作用,如人工神经网络（Artificial Neural Network，ANN）和神经模糊建模（Neural Factorization Machines，NFM）,可以识别非正态分布的群体中依赖变量和自变量之间的复杂关系,准确地预测将使医生能够根据个体患者的风险提供具体的治疗。已有研究团队使用神经模糊建模（NFM）方法预测术后肿瘤复发风险,将 609 名接受预测根治性膀胱切除术和盆腔淋巴结清扫术的膀胱癌患者的临床病理学特征用于培训和测试神经模糊建模。平均随访 72 次,7 个月后,NFM 分类识别复发的准确率为 84%、敏感性为 81%、特异性为 85%。另一个研究团队则开发了一个基于 ANN 的系统,用于预测根治性膀胱切除术和盆腔淋巴结清扫术后膀胱癌患者的 5 年总生存率。他们使用 369 名患者的临床病理数据对 ANN 模型进行训练和测试,平均随访时间为 48 小时。5 个月后,与标准 logistic 回归（LoR）进行比较,该系统的 AI 模型显示出更高的敏感性和特异性。此外,最近的一项研究中比较了 ANN 与多变量 Cox 比例风险（Cox Proportional Hazards，CPH）模型在预测膀胱癌患者 5 年疾病特异性生存率（Disease Specific Survival，DSS）和总体生存期方面的性能，研究中的模型使用来自美国国家癌症研究所监测流行病学和最终结果（SEER）数据库的 161 227 名患者的常规临床病理参数来进行训练和测试。与 CPH 模型相比，ANN 模型预测总体生存期更准确（AUC 分别为 0.81 和 0.70），而 DSS 的预测准确率相似（AUC 分别为 0.80 和 0.81）。

一些研究人员使用了更大的数据库，比较了人工神经网络与经验丰富的临床医生的预测准确性。他们发现 ANN 预测肌层浸润性疾病死亡事件的准确率达 82%，优于临床医生（65%）。但是，ANN 预测浅表癌症行为方面与临床医生相似，预测复发准确率分别为 75% 和 79%。与传统的临床病理学特征判断患者预后相比，AI 正在试图建立个性化预后算法，以突破传统统计学在处理大量数据方面的局限性。这些特性使 AI 成为一种重要的工具，具有广泛的临床应用前景。与传统的统计方法相比，机器学习模型允许对大型数据集进行更复杂和动态的分析，并提供可靠的个体化结果预测。然而，现有的研究方式大多是可行性研究，而机器学习算法需要在实际实现之前进行外部验证，因为建模过程中可能会出现过拟合的情况。在这种情况下，模型预测建模数据集（试验集）的效果较好，但将其应用于其他数据集（测试集）时的效果就很差。这样的模型显然是没有应用价值的。外部验证的目的在于证明模型的"泛化"能力，即将其应用于建模数据以外的数据集时，其预测结果是否准确。未来几年，机器学习必将融入内镜检查、成像解释和预后算法。机器学习技术跨越多个学科，如外科学、放射学、解剖病理学和医学肿瘤学等，多学科团队可以成为这些新智能工具的测试平台，这些工具有可能缩小不同分支专业人员之间的知识差距，简化和改进决策过程。但是，我们能在多大程度上相信计算机的预测，是否可以放弃人为的审查，目前仍然没有答案。我们需要进一步的理解机器学习模型背后的机制，并验证其预测的准确性。

小结

近年来，鉴于 AI 在医疗领域越来越重要的作用，其在膀胱癌诊疗中的应用受到了越来越多的关注。膀胱癌因其高发病率、高死亡率和高复发率而被备受关注,AI 技术的出现为膀胱癌的诊疗提供了辅助决策,展示出了巨大的应用前景。如结合 AI 技术与放射组学,可以精准诊断膀胱癌,提高膀胱癌诊断的特异性和准确性;结合 AI 技术与病理学,可以更加明确肿瘤分级分期,从而进行针对性治疗,避免过度医疗和无效医疗;结合 AI 技术与影像学,对采取手术治疗的患者提供术前规划以及术中导航,从而提高手术的安全性和成功率;应用 AI 技术构建研究模型,通过对大数据的分析形成可预测复发和预后疗效的模型,从而有效地监测患者的疾病进展和治疗效果等。未来的 AI 也将通过不断探索、重复并完善试验模型,进一步证实其在膀胱癌诊疗中的价值,从而更好地辅助医生进行临床决策。

思考与练习

1. 人工智能包括哪些方面?

2. 人工智能在膀胱癌诊疗中的具体应用有哪些?

3. 人工智能的局限性是什么?

4. 膀胱癌诊疗中亟待解决的问题是什么?

5. 未来人工智能在膀胱癌里面有哪些应用?

参考文献

[1] 何天基,葛波.肌层浸润性膀胱癌新辅助治疗现状及展望.临床泌尿外科杂志,2020,35(2):158-161.

[2] 姜啸烨,高闫尧,孙振业,等.机器人膀胱切除原位回盲肠新膀胱重建术治疗肌层浸润性膀胱癌的临床分析.现代泌尿外科杂志,2020,25(12):1099-1102.

[3] 杨龙雨禾,王跃强,邱学德,等.人工智能在泌尿外科影像学诊断的现状及展望.分子影像学杂志,2020,43(2):225-229.

[4] 郑尧,张烨,杜鹏,等.基于 T2W 磁共振影像的 ResNet 模型构建在膀胱癌分级和分期双目标预测中的应用研究.中国医学装备,2020,17(8).

[5] A Buchner, M May, M Burger, et al. Prediction of outcome in patients with urothelial carcinoma of the bladder following radical cystectomy using artificial neural networks. *Eur J Surg Oncol*, 2013; 39(4): 372-379.

[6] A Ikeda. Support system of cystoscopic diagnosis for bladder cancer based on artifificial intelligence. *Endourology*, 2020, 34：352 – 358.

[7] A O Kadlec, S Ohlander, J Hotaling, et al. Nonlinear logistic regression model for outcomes after endourologic procedures：a novel predictor. *Urolithiasis*, 2014. 42 (4)：323 – 327.

[8] C H Shao, C L Chen, J Y Lin, et al. Metabolite marker discovery for the detection of bladder cancer by comparative metabolomics. *Oncotarget*, 2017, 8 (24)：38802 – 38810.

[9] D A Hashimoto, G Rosman, D Rus, et al. Artificial intelligence in surgery：promises and perils. *Annals of surgery*, 2018, 268(1), 70 – 76.

[10] E Arvaniti, KS Fricker, M Moret, et al. Automated Gleason grading of prostate cancer tissue microarrays via deep learning. *Sci Rep*, 2018. 8(1)：12054.

[11] E Wu, L M Hadjiiski, R K Samala, et al. Deep learning approach for assessmen of bladder cancer treatment response. *Tomography*, 2019. 5(1)：201 – 208.

[12] E Wu, L M Hadjiiski, R K Samala, et al. Deep Learning Approach for Assessment of Bladder Cancer Treatment Response. *Tomography*, 2019；5(1)：201 – 208.

[13] G J Bartsch, A P Mitra, S A Mitra, et al. Use of artificial intelligence andmachine learning algorithms with gene expression profiling to predict recurrent nonmuscle invasive urothelial carcinoma of the bladder. *J Urol*, 2016, 195(2)：493 – 498.

[14] Global cancer statistics 2020：GLOBOCAN estimates of incidence and mortality worldwide for 36 cancers in 185 countries. CA Cancer J Clin.

[15] G Zhang, Z Wu, L Xu, et al. Deep learning on enhanced CT Images can predict the muscular invasiveness of bladder cancer. *Front Oncol*, 2021, 11：654685.

[16] H Coy, K Hsieh, W Wu, et al. Deep learning and radiomics：the utility of Google TensorFlow™ Inception in classifying clear cell renal cell carcinoma and oncocytoma on multiphasic CT. *Abdom Radiol (NY)*, 2019. 44(6)：2009 – 2020.

[17] H C Shin, H R Roth, M Gao, et al. Deep Convolutional Neural Networks for computer-aided detection：CNN architectures, dataset characteristics and transfer learning. *IEEE Trans Med Imaging*, 2016；35(5)：1285 – 1298.

[18] I Sokolov, M E Dokukin, V Kalaparthi, et al. Noninvasive diagnostic imaging using machine learning analysis of nano resolution images of cell surfaces：Detection of bladder cancer.Proceedings of the National. *Academy of Sciences*, 2018, 115(51)：12920 – 12925.

[19] J Ding, Z Xing, Z Jiang, et al. CT-based radiomic model predicts high grade of clear cell renal cell carcinoma. *Eur J Radiol*, 2018. 103：51 – 56.

［20］ K H Cha, L Hadjiiski, H P Chan, et al. Bladder cancer treatment response assessment in CT using Radiomics with Deep-Learning. *Sci Rep*, 2017; 7(1): 8738.

［21］ K H Cha, L M Hadjiiski, R H Cohan, et al. Diagnostic accuracy of CT for prediction of bladder cancer treatment response with and without Computerized Decision Support. *Acad Radiol*, 2019; 26(9): 1137 − 1145.

［22］ K H Cha, L M Hadjiiski, R H Cohan, et al. Diagnostic accuracy of CT for prediction of bladder cancer treatment response with and without computerized decision support. *Acad Radiol*, 2019. 26(9): 1137 − 1145.

［23］ L Yan, Z Liu, G Wang, et al. Angiomyolipoma with minimal fat: differentiation from clear cell renal cell carcinoma and papillary renal cell carcinoma by texture analysis on CT images. *Acad Radiol*, 2015. 22(9): 1115 − 1121.

［24］ M Längkvist, J Jendeberg, P Thunberg, et al. Computer aided detection of ureteral stones in thin slice computed tomography volumes using Convolutional Neural Networks. *Comput Biol Med*, 2018. 97: 153 − 160.

［25］ M S Choo, S Uhmn, J K Kim, et al. A prediction model using machine learning algorithm for assessing stone-free status after single session shock wave lithotripsy to treat ureteral stones. *J Urol*, 2018. 200(6): 1371 − 1377.

［26］ N Brieu, C G Gavriel, I P Nearchou, et al. Automated tumour budding quantification by machine learning augments TNM staging in muscle-invasive bladder cancer prognosis. *Sci Rep*, 2019. 9(1): 5174.

［27］ N C Wong, C Lam, L Patterson, et al. Use of machine learning to predict early biochemical recurrence after robot-assisted prostatectomy. *BJU Int*, 2019. 123(1): 51 − 57.

［28］ N Mirchi, V Bissonnette, R Yilmaz, et al. The virtual operative assistant: an explainable artificial intelligence tool for simulation-based training in surgery and medicine. *PloS one*, 2020, 15(2), e0229596.

［29］ O Eminaga, N Eminaga, A Semjonow, et al. Diagnostic classification of cystoscopic images using deep Convolutional Neural Networks. *JCO Clin Cancer Inform*, 2018. 2: 1 − 8.

［30］ R Suarez-Ibarrola, S Hein, G Reis, et al. Current and future applications of machine and deep learning in urology: a review of the literature on urolithiasis, renal cell carcinoma, and bladder and prostate cancer. *World J Urol*, 2020; 38 (10): 23292347.

［31］ X P Xu, X Zhang, Q Tian, et al. Three-dimensional texture features from intensity and high-order derivative maps for the discrimination between bladder tumors and wall tissues via MRI. *Int J Comput Assist Radiol Surg*, 2017, 12(4): 645 – 656.

[32] X Xu, X Zhang, Q Tian, et al. Three-dimensional texture features from intensity and high-order derivative maps for the discrimination between bladder tumors and wall tissues via MRI. *Int J Comput Assist Radiol Surg*, 2017. 12(4): 645 – 656.

[33] X Zhang, X Xu, Q Tian, et al. Radiomics assessment of bladder cancer grade using texture features from diffusion-weighted imaging. *J Magn Reson Imaging*, 2017. 46 (5): 1281 – 1288.

[34] Y Kazemi, S A Mirroshandel. A novel method for predicting kidney stone type using ensemble learning. *Artif Intell Med*, 2018. 84: 117 – 126.

[35] Z Zhang, W Fan, Q Deng, et al. The prognostic and diagnostic value of circulating tumor cells in bladder cancer and upper tract urothelial carcinoma: a meta-analysis of 30 published studies. *Oncotarget*, 2017. 8(35): 59527 – 59538.

（本章作者：王子琦　李弘　杨力明）

第五章　人工智能在神经退行性疾病中的应用

本章学习目标

通过本章的学习,你应该能够:

1. 了解神经退行性疾病的特点。

2. 掌握神经退行性疾病的诊断与治疗手段。

3. 了解人工智能辅助神经退行性疾病诊断的优势。

4. 了解脑机接口技术在医疗领域的应用前景。

5. 了解脑机接口应用于神经退行性疾病发展的趋势。

　　神经退行性疾病是由脊髓和大脑神经元逐渐退化而引起的疾病,大脑与脊髓的神经元一样是不可再生的,所以神经元的过度损害是毁灭性且不可逆转的。如何彻底治愈或者控制神经退行性疾病,是许多科学家都在研究的课题。随着医学科技的不断发展和进步,人类的寿命也得到了显著的提升,但是以阿尔茨海默病(Alzheimer Disease,AD)、帕金森病(Parkinson's Disease,PD)等为代表的神经退行性疾病仍处于治标不治本的状态,大量的科研力量投入到了神经退行性疾病的研究之中,但是到目前为止,无论是对神经退行性疾病的发病机制还是其药物开发都遇到了前所未有的困境,人类对追求未知科学的执着促使其自身寻找解决神经退行性疾病的办法。相信在未来某一天,随着生物医药技术与计算机人工智能的发展,神经退行性疾病的治疗将会得到解决。

一、引言

在人类与疾病抗争的过程中,存在着一种进行性发展最终致死的复杂疾病,这就是神经退行性疾病(Neurodegenerative Disease,NDD)。该疾病在发展过程中,脊髓和神经元损害不断加剧,而大脑和脊髓的神经元在受到损害后一般不会再生,因此,大量的神经元损害将导致一系列不可逆的、毁灭性的疾病状态。目前,全球人口老龄化趋势日趋严峻,进入新世纪后,我国进入老龄化社会已经是不争的事实:当前,我国 60 岁以上的老年人已有 1.26 亿人,到 21 世纪中叶将达到 4.1 亿人。人口老龄化已经引起了随之而来的许多社会问题,得到社会各界的广泛关注与研究。神经退行性疾病中的阿尔茨海默病和帕金森病主要发生于中老年人群体中,人口老龄化问题必然会导致这部分疾病患病人数的显著增加。截至目前,美国大约有 600 万人患有阿尔茨海默病,每年直接或间接死于阿尔茨海默病的人数高达数十万,每年在该项疾病上的花费更是高达几百亿美元。我国由于近几年才进行阿尔茨海默病的流行病学调查,因此研究结果尚不完善。美国流行病学调查显示,2016 年全美不同年龄,已有 550 万名 AD 患者。其中,65 岁以上的患者约 530 万人,早发性 AD 患者约有 20 万人。在美国,平均每 10 位 65 岁以上老人中就有一位是 AD 患者,发病率为 10%,其中大约有三分之二的 AD 患者为女性。帕金森病作为继阿尔茨海默病之后的第二大神经退行性疾病,主要发生在中年以上的人群,65 岁以上人群中患病率约为 1%。对于神经退行性疾病,如亨廷顿病(Huntington's Disease,HD)、不同类型脊髓小脑共济失调症、肌萎缩侧索硬化症(Amyotrophic Lateral Sclerosis,ALS)及脊髓肌萎缩症等在各年龄段发病率没有显著差异。阿尔茨海默病与帕金森病具有一些相同特征:(1)多基因/复杂缺陷以及表观遗传变化,脑血管功能障碍和环境危险因素;(2)与年龄相关的发病,与年龄平行的患病率增加;(3)进行性神经元变性,从生命早期开始,而其临床表现发生在数十年后;(4)导致神经毒性副产物异常沉积的蛋白质的构象变化;(5)缺乏用于预测性诊断和/或早期检测的特异性生物标志物;(6)没有治愈性治疗。

　　近年来,随着人工智能(AI)的快速发展,以诊断和监测为目标的计算方法将为医疗人员对诊疗神经退行性疾病提供极大帮助。例如,检测疾病发病特征、改进鉴别诊断、量化疾病进展、跟踪药物效果。这些任务可以自动完成,或至少在机器学习(ML)算法的帮助下得到改进。

　　神经退行性疾病患者均存在不同程度的神经功能受损,在运动、认知、社交活动等方面普遍存在着功能障碍,严重影响病人的生活质量。脑机接口技术(Brain Computer Interface,BCI)作为一种全新的通信技术,为那些因神经肌肉受损而导致传统增强交流方式受阻的人们提供了一种新的选择,其因人工智能的日益发展而得到飞速的发展。人工智能作为计算机科学的一个分支,通过对数据的分析、学习,为后续问题的解决提供了经验。脑机接口技术是一种不依赖于大脑正常的外周神经和肌肉输出通道的通信和控制通道,实现大脑与外部仪器设备直接通信的技术。该技术能够通过大脑活动从外部控制运动,从而达到帮助运动障碍人群的目的,进而起到替代、改善、重建、增强、补充以及作为研究工具的作用。脑机接口应用如图5-1所示。

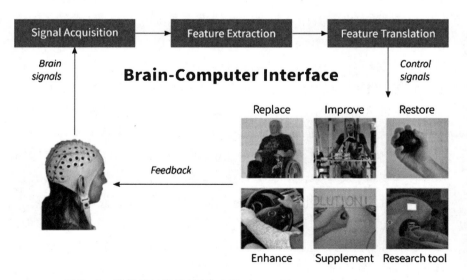

图5-1　脑机接口应用(图片来源:http://www.engineering.com)

脑机接口系统可作为因损伤或疾病导致某些功能丧失的替代选择，如帕金森病导致的肌肉震颤、肌萎缩侧索硬化症导致的肌肉萎缩。大脑作为人类最神秘的器官，破解其奥秘对于认识人类自身至关重要。脑科学作为其中的关键学科，有着重要的科研价值和战略意义。随着人工智能及其应用的飞速发展，尤其是 2013 年以来，美、中、日等国家和欧洲地区逐渐加大对脑研究的投入，争相提出了人类大脑计划，脑计划通过将脑科学、神经科学、信息学相结合，致力于创建大脑结构图谱、研发大规模神经网络电活动记录和调控工具、分析神经元活动与个体行为的联系、阐明人脑成像基本机制、建立人脑数据采集机制，以上研究领域与 BCI 技术密切相关，因此，脑机接口研究在其中扮演着重要的角色。鉴于此，脑机接口技术能进行神经调控治疗，这为阿尔茨海默病、帕金森病、癫痫等药物难治性疾病的治疗开创新的策略。

二、神经退行性疾病

神经退行性疾病是由脊髓和大脑神经元逐渐退化而引起的一种疾病。神经退行性疾病按表型一般分为两类：一类主要影响运动机能的，如肌萎缩侧索硬化症、小脑性共济失调症等；另一类主要影响大脑学习、记忆能力，如阿尔茨海默病等。按照发病时间长短分为急性神经退行性疾病和慢性神经退行性疾病，急性神经退行性疾病包括脑缺血（CI）、脑损伤（BI）、癫痫；慢性神经退行性疾病包括阿尔茨海默病（AD）、帕金森病（PD）、亨廷顿病（HD）、肌萎缩性侧索硬化（ALS）、不同类型脊髓小脑性共济失调（Spinocerebellar Ataxias，SCA）、Pick 病等。上述疾病的临床病理表现、病情发展、病变部位以及发病原因各不相同，但无一例外地表现出不同程度的神经元病变甚至死亡。其中，最有代表性和患病率最高的神经退行性疾病有阿尔茨海默病、帕金森病、亨廷顿病和肌萎缩侧索硬化症。

（一）阿尔茨海默病

阿尔茨海默病是一种起病隐匿的进行性发展的神经系统退行性疾病，是痴呆病中最常见的类型，该病患者人群中女性一般多于男性，其临床表现为记忆力减退、持续性认知能力下降以及运动障碍等，并伴随有一系列精神病症状。一般来说,AD 症状分为早、中、晚三个时期。早期症状主要表现为记忆力下降、对社交失去兴趣、判断力变差、失去统筹工作能力、对曾经的兴趣和爱好表现冷漠、在熟悉的环境中迷路等;中期症状主要表现为行为异常,如易怒、反应过激和偏执、重复相同的问题、进食困难、理解和表达能力变差,有时甚至无法辨认家人和熟人等;晚期症状主要表现为失去正常的沟通能力和自理能力,大部分时间处于睡眠状态等。AD 典型的病理特征为:β-淀粉样蛋白沉积形成老年斑和原纤维蛋白质在细胞内和细胞外聚集引起慢性和渐进性神经变性,β-淀粉样蛋白和高度磷酸化的 tau 蛋白沉积,这些聚集物的过度累积会导致突触功能障碍和随后的神经元丧失。AD 精确的分子致病机理尚未明确,但很明显 AD 是一种多因素疾病,高龄是主要的危险因素。目前关于 AD 发病的假说有很多种,包括淀粉样蛋白假说和 tau 理论、导致金属代谢障碍和信号转导改变的化学因素、钙失衡学说、自由基与凋亡学说、淀粉样前体蛋白(Amyloid Precursor Protein,APP)和早老素(PSEN)基因突变以及载脂蛋白 E(Apolipoprotein E,ApoE)等位基因变异的遗传倾向,此外还有免疫系统功能障碍、雌激素与甲状腺激素学说、线粒体功能障碍、神经生长因子产生受阻、代谢障碍学说、基因遗传学说等。

(二)帕金森病

帕金森病作为第二大神经退行性疾病,通常在 50 岁以后发病,发病高峰在 60 岁以后,发病率随年龄增加而升高,既往研究显示男性发病率高于女性。PD 的病理特征主要表现为中脑黑质致密部(Substantia Nigra pars compacta,SNpc)多巴胺能神经元的选择性死亡及其投射区纹状体(Putamen,Pu)内多巴胺(Dopamine,DA)的分泌异常。DA 分泌水平的降低导致纹状体对苍白球内侧部(Globus Pallidus interna,GPi)的抑制减少,从而导致苍白球对丘脑(Thalamus,Th)的抑制增加,最终导致对运动皮层(motor cortex)的抑制增加,从而引起 PD 的运动功能障碍。目前,PD 的病因尚无定论,遗传因素、环境因素、年龄老化、氧化应激等多种因素可能参与了 PD 多巴胺能神经元的变性死亡过程。PD 病人的临床症状有:运动功能减退、静止性震颤、肌强直等。运动功能减退主要表现为自发运动的频率和幅度减少。典型的表现是在日常活动中出现眨眼减少、面部表情缺失、手臂摆动次数减少等运动功能减退的特征。

（三）亨廷顿病

亨廷顿病，又名大舞蹈病或亨廷顿舞蹈症（Huntington's chorea），是一种以不自主运动精神异常和进行性痴呆为主要临床特点的显性遗传性神经退行性疾病。发病原因主要是亨廷顿基因突变，产生了异常的蛋白质，异常蛋白质在细胞内积聚形成大分子团进而在大脑中沉积，从而影响神经细胞的正常功能。症状一般出现在 30~50 岁之间，主要表现为步伐不协调、不稳定，随着病情的发展，身体运动协调能力变差，直至运动困难，无法言语。该病程会持续 10~20 年，最终导致患者死亡。发病初期，亨廷顿病患者体内的异常亨廷顿蛋白首先会影响其脑内的基底核，使基底核无法修饰或抑制大脑的指令，导致全身肌肉不受控制地运动，表现为舞蹈样动作。当病情发展到晚期，负责下达指令的大脑表层也会逐渐死亡，此时病人可能失去所有行动能力，并出现认知功能下降甚至痴呆。基底节区（主要是纹状体）和大脑皮层萎缩为亨廷顿病患者的主要病理改变，而神经元缺失主要发生在基底节区，其中尾状核和壳核的神经元功能障碍导致亨廷顿病的舞蹈样动作，皮质神经元缺失可能导致痴呆。虽然亨廷顿病目前尚无法治愈，但亨廷顿病不像阿尔茨海默病那样无法提前预知，得益于基因检测技术，无论目前是否有症状，随时都可以检测是否患有此症。

（四）肌萎缩性脊髓侧索硬化症

肌萎缩性脊髓侧索硬化症（ALS），又名渐冻症，是由大脑和脊髓中上、下运动神经元退行性病变所引起的致命性疾病。以前人们对该疾病的认识主要来自对具有欧洲血统的高加索 ALS 患者的研究。通过与其他国家 ALS 病例相比较，发现我国 ALS 的发病率和流行率均较低，发病年龄也较小，且我国人群中家族性肌萎缩性脊髓侧索硬化症（Familiar Amyotrophic Lateral Sclerosis，FALS）病例占比也较低。国外 FALS 的发生率占 ALS 总发病率的 10%，但中国患者中 FALS 的比例仅为 1.2%~2.7%。目前，ALS 的发病机制尚不明确，但人们普遍认为 ALS 是一种综合征而非单一疾病。ALS 的发生和发展被认为与环境风险因素、老龄化及遗传背景有关。"肌萎缩性"是指表示患者肌肉萎缩，软弱无力。就"侧索硬化"

而言，原发性侧索硬化症本身没有肌肉无力、萎缩或感觉障碍，只有累及脊髓前角时才会发生。典型的 ALS 患者的主要症状为无力，或始于上下肢，也可表现为言语不清和吞咽困难。这种疾病是渐进性的，患者的平均生存期约为 3~5 年。ALS 可能的发病机制有：（1）病毒感染。研究人员在 ALS 患者的脊髓中检测到肠道病毒 RNA，但该病毒是否是导致 ALS 的原因，尚未得到证实，并且包括脊髓灰质炎病毒在内的肠道病毒在 ALS 发生中的作用也尚未明确。（2）钙调节素和钙离子结合蛋白异常。已有大量证据表明钙稳态异常导致了一系列触发细胞死亡的事件，在 ALS 患者中，其引发特定运动神经元的大量死亡。（3）骨架蛋白异常。由于轴突长度延长以及对细胞骨架的稳定、信号转导和对轴突运输的依赖性，因此，运动神经元十分容易受到骨架蛋白（肌动蛋白丝、神经丝如外周蛋白和微管）的影响，而如果骨架蛋白组装异常，则可导致运动神经元轴突异常或者骨架蛋白的堆积，从而引起 ALS 症状。（4）轴突运输破坏。运动神经元在胞体内合成的众多重要物质如神经递质、神经营养因子等，都需沿轴突运送到轴突末梢，轴突作为信息输出通道，一旦遭到破坏，轴突末梢缺乏关键神经递质，就会导致疾病发生。神经丝异常表达导致运动神经元变性的机理尚不清楚，神经丝紊乱也可能阻碍轴突运输。

三、神经退行性疾病现行治疗手段

（一）神经退行性疾病治疗现状

神经退行性疾病的发病率已经远超心血管病和癌症，成为危害人类身心健康重大疾病，其昂贵的治疗费用给社会造成了巨大的经济负担。遗憾的是，由于对这类疾病的病因还缺乏本质认识，迄今为止仍然没有彻底有效的干预和治疗措施。目前所用的治疗手段，无论是药物治疗还是手术治疗，都只能延缓或改善患者的症状，改善患者的生活品质，却无法阻止病情的发展，更无法治愈。同时，在临床诊断中，也缺乏有效的早期诊断技术。现行治疗手段大多是让病人终身服用各种免疫抑制剂来延缓疾病进展或神经递质拮抗剂/激动剂来抑制相关病理的行为。然而，这种治疗方式造成患者终身服药，往往会产生严重的副作用，大大降低了患者的生活质量。因此，目前迫切需要加强对神经退行性疾病病理机制的深入研究以及治疗手段的创新,开发新的安全有效的治疗手段。目前,通过动物实验已经证明干细胞移植可在一定范围及程度上挽救神经功能损伤,同时干细胞疗法已经在部分神经疾病中进行临床治疗。干细胞疗法的关键在于如何获得具有功能性的神经细胞。目前用于临床治疗的干细胞可以分为三类:第一类为神经祖细胞或前体细胞,具有一定的增殖能力和分化能力;第二类为来自脊髓、脐带血的基质或间充质类细胞,为未成熟的功能细胞,具有很强的分化能力;第三类是以胚胎干细胞、多功能诱导干细胞为代表的全能及多能具有分化潜能的干细胞。虽然第三类干细胞在临床治疗过程中具有很大优势,但通过移植后或导致增殖分化不可控甚至具有一定的致癌性,故在临床治疗过程中,主要使用前两类干细胞。

（二）神经退行性疾病的症状

神经退行性疾病在整个发病过程中大多伴有两类症状:运动症状与非运动症状。运动症状会影响患者的日常生活,而非运动症状则影响患者的生活品质。这些症状虽然短时间之内不会使患者失去生命,但会严重影响患者的工作生活以及心理健康。因此,必须双管齐下,采取多种措施,如手术治疗、药物治疗、体育锻炼、心理疏导等。治疗不仅要立足当前,改善已经出现的相关病症,更需要延缓整个病程的发展,提前抑制一些症状的出现,以达到长期治疗的目的。

神经退行性疾病的症状会严重影响患者的工作和日常生活,因此,在治疗相关患者时应致力于改善症状和提高生活品质。在改善症状的同时,达到延缓疾病发展的效果。治疗以临床经验为依据,同时考虑病人个体差异,用药应综合考虑患者的疾病特点(包括疾病严重程度、有无认知障碍)以及患者个人情况(包括就业状况、发病年龄等综合因素),尽可能避免或减少药物的副作用,从而达到在实现治疗效果的同时降低患者因副作用带来的不适的目的。

（三）神经退行性疾病的早期治疗

神经退行性疾病一旦发生,将会随着时间的推移而逐渐加重。因此,秉着早发现早治疗的原则,抓住疾病治疗的关键时机,是疾病治疗的关键。早期治疗分为非药物治疗(如加大患者对疾病的了解程度、心理医生的心理辅导、营养补充、加强与患者的沟通)和药物治疗。疾病初期,一般使用单一药物治疗疾病,但也可采用多种药物经优化配比后进行组合使用的方法治疗,这种方法主要适用于多靶点联合治疗,力求实现延缓病程、减少并发症、使疗效最大化的目标。药物治疗又分为改善运动障碍的疾病修饰治疗药物和改善症状的药物。疾病修饰治疗药物是运用基因技术对遗传物质进行医学干预以帮助患者改善疾病造成的身体障碍,达到延缓疾病进程的目的;改善症状的药物即症状性治疗药物主要用于改善疾病症状,其部分药物也兼有一定的疾病修饰作用。

四、人工智能技术(脑机接口)为神经退行性疾病诊断治疗提供新的选择

近年来,随着人工智能、脑机接口技术的快速发展,神经退行性疾病诊疗也得到了快速的发展。AI 不仅能为神经退行性疾病的诊断监测提供帮助,在神经退行性疾病药物开发方面也起着重要作用。

(一)人工智能应用于神经退行性疾病的诊断监测

1. 异常 tau 蛋白的分类与定量评估

目前,AI 在神经退行性疾病方面的应用还局限于疾病的诊断与检测,神经原纤维缠结(Neurofibrillary Tangles,NFT)中异常 tau 蛋白的积累发生在阿尔茨海默病(AD)和一系列 tau 病变中。这种蛋白病变形态表型多样,对其进行分类与定量评估十分不易,因此,准确诊断神经退行性疾病极具挑战性。为了解决这个问题,研究人员开发出了一种基于机器学习的算法,能从数字图像中识别量化病理变化。通过实验研究发现,机器学习能够对 AD 和 tau 病变进行复杂病理评估,为临床病理诊断提供相当的依据,降低了人为诊断的错误率,使疾病诊断具有一致性与准确性。此外,该算法对相关神经退行性疾病患者人脑组织样本的病变诊断元素进行识别、分类和量化,有助于对临床和其他相关研究的患者进行分层,增加了对神经退行性疾病的了解。

2. 神经退行性疾病诊断及监测过程

近年来,神经退行性疾病在老年人群中的发病率呈上升趋势,研究人员已经进行了大量研究来描述这些疾病的特征。目前,计算方法,特别是

机器学习技术,已成为帮助和改进诊断以及疾病监测过程的十分重要的工具。由于人工智能的发展,以诊断和监测为目标的计算方法可以提供重大帮助,例如检测疾病发病特征、改进鉴别诊断、量化疾病进展、跟踪药物效果等,这些任务可以自动完成,或者至少在机器学习算法的帮助下得到改进。据相关文献报道,已有课题组对现有的用于整个神经退行性变频谱的计算方法进行了深入地回顾,包括阿尔茨海默病、帕金森病、亨廷顿病、肌萎缩侧索硬化症和多系统萎缩。课题组建议对特定的临床特征和现有的计算方法进行分类,并提供了针对每种疾病所采用的各种模式和决策系统的详细分析。课题组识别并呈现了存在于各种疾病中的睡眠障碍,其代表着发病检测的重要有利条件,并概述了现有的数据集资源和评估指标。另外,课题组还讨论了该算法的研究方向和前景。课题组已经确定了一些值得研究的领域:(1)AD 的睡眠,可以显示药物对患者生活方式的影响。(2)基于言语、言语分析对运动疾病,如 PD、HD、MSA(Multiple System Atrophy)和 ALS 的鉴别诊断,对 AD 和其他痴呆的词汇分析。使用语音进行鉴别诊断可能是未来的趋势,因为许多消费设备中都有麦克风。(3)可以开发适用于所有神经退行性疾病的脑电图生物标记物。由于脑电图技术是非侵入性的,而且比脑成像更具经济性,因此可简化诊断过程,另外,可穿戴 EEG(Electro-encephalogram)耳机也可为神经退行性疾病的诊断提供更多的可能性。(4)应用记忆测试区分 AD 或其他痴呆疾病和轻度认知功能障碍(Mild Cognitive Impairment,MCI)。目前,记忆测试由医疗专业人员提供。通过开发注重易用性的应用程序,可以简化诊断过程并使数据更易获取,同时实现疾病跟踪。(5)双重任务:对痴呆和混合性神经退行性疾病进行早期检测和跟踪。通过开发能够同时监测患者认知能力和运动功能的设备,可以确定疾病的进展和进一步受损害的风险,设计双重任务,以测量患者的认知储备。认知储备这一概念与大脑重新利用其网络来对抗神经退化的影响的能力有关,近期的研究表明,较高认知储备的存在预示着疾病发作延迟或症状较轻。此外,作者还认为其可以开发相关的应用程序,利用可穿戴设备传感器或智能手机来监测多个人体特征(步态、声音、睡眠、脑电图等),从而为早期诊断提供一定的依据,还可以更好地观察药物的进展与反应。

3. 帕金森病的诊断

帕金森病(PD)是一种常见的神经退行性疾病。它有一个潜伏期和缓慢进展的过程。帕金森病的临床表现具有高度的异质性。因此,帕金森病的诊断过程复杂,主要靠医生的专业知识和经验。磁共振成像(MRI)能够发现帕金森病患者脑内的微小改变,对脑 MRI 进行定量分析可以提高临床诊断效率。然而,由于帕金森病临床过程的复杂性和多模态 MRI 数据的高维性,传统的数学分析方法难以有效地提取其中的海量信息。到目前为止,大样本条件下 PD 诊断的准确性还不能令人满意。随着人工智能(AI)的不断成熟,各种统计模型和机器学习(ML)算法被用于定量成像数据分析,以探索诊断结果。使用多模式 MRI 诊断 PD 主要是基于 PD 患者大脑的细微结构和功能异常,研究人员已经开发并利用先进的统计模型和机器学习(ML)算法进行定量成像数据分析,作出 PD 诊断的分类结果。近年来,数据挖掘、神经网络、深度学习等技术正以前所未有的速度发展。它们在图像分析领域得到了广泛的应用,在医学图像分析中显示出了巨大的潜力。应用这些新技术,可以进一步提高分析复杂多模态磁共振图像数据的能力,提高 PD 诊断的效率。例如定量成像数据分析技术,该技术可能成为辅助神经精神疾病自动诊断、综合评价和推进机制研究的一种极具前景的工具,其分析流程如图 5-2 所示。

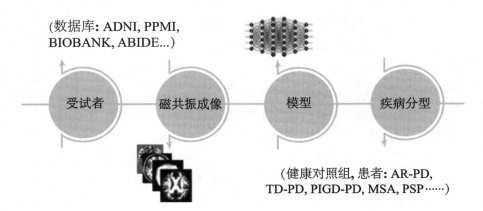

图 5-2 定量成像数据分析流程

4. 阿尔茨海默病的诊断

阿尔茨海默病(AD)是一种主要的神经退行性疾病,是痴呆症中常见的一种类型。目前,尚无治疗方法可以延缓或阻止 AD 的进展。人们一致认为,疾病修正治疗应侧重于疾病的早期阶段,即轻度认知障碍(MCI)和临床前阶段。早期阶段的阿尔茨海默病诊断及预后预测(转化为阿尔茨海默病的可能性)是一项具有挑战性的任务,但在多模式成像的帮助下,如磁共振成像(MRI)、氟脱氧葡萄糖(Fludeoxyglucose, FDG)－正电子发射断层扫描(Positron Emission Computed Tomography, PET)、淀粉样蛋白 PET 和 tau－PET,可以为医学决策提供不同但互补的信息。

现有的研究大多集中在 MCI 上,在关于 MCI 的研究中,大多集中在构建分类器并利用多模态成像和非成像数据来预测 MCI 转化。MRI 和 FDG－PET 的准确率一般在 80% 以下或略高于 80%,即使包括纵向成像数据也是如此。虽然目前使用多模态成像诊断和预测 AD 主要基于专家的经验,但研究人员正在开发各种统计模型和机器学习(ML)算法,用于定量成像数据分析,以产生诊断和预测结果。目前,这一研究领域正以前所未有的速度发展。据估计,在未来人工智能的支持下,必将实现使用自动化、计算机化的算法来帮助临床医生作出决策。从图像处理到诊断和预后决策支持的工作流程如图 5－3 所示。

5. 肌萎缩侧索硬化症治疗方法的探究

肌萎缩侧索硬化症(ALS)是一种破坏性的神经退行性疾病,目前尚无有效的治疗方法。已有课题组利用已发表的文献和语义相似性来查找已知的 ALS－RBPs 在 ALS 中更改的其他 RNA 结合蛋白(Retinol Binding Protein, RBP)。这种方法是对通常的候选筛选方法的极大补充,可以用于筛选基于组学的实验方法产生的数百个潜在位点,并使基于文献的目标排序值得到进一步验证研究。研究人员进一步发现并验证了之前与 ALS 无关的 7 种 RBPs 中的 5 种 RBPs 的改变,包括小脑中间神经元内 RBMS3 的新改变。在目前的研究中,发生新改变的排名前十的 RBPs 中包括了其他三种以前与肌萎缩侧索硬化症相关的 RBPs(RBM45、SC－35 和 MTHFSD),而排名接近末尾的 RBPs 未能显示出肌萎缩侧索硬化症的变化,需要通过进一步的研究来确定排名靠前

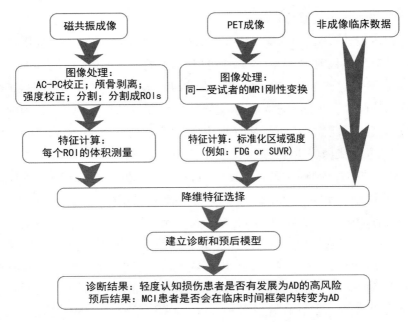

图 5 - 3　从图像处理到诊断和预后决策支持的整个工作流程

的 RBPs 是否包含任何与肌萎缩侧索硬化症相关的基因改变。这些研究和其他机器学习计算工具的使用在未来可能会加速对 ALS 和其他复杂神经疾病的科学发现。

（二）人工智能在神经退行性疾病药物开发方面的作用

1. 人工智能应用于药物筛选

神经炎症在常见的神经退行性疾病中扮演着重要的角色,已有相关研究表明 Galectin - 3 能激活小胶质细胞和星形胶质细胞,导致炎症。这意味着抑制 Galectin - 3 可能成为治疗神经退行性疾病的新策略。基于这一动机,已有课题组通过将通用人工智能算法与传统的药物筛选方法相结合,探索一种寻找抑制 Galectin - 3 的先导化合物的新方法。基于分子对接方法,研究人员从中药数据库中筛选出具有高亲和力的潜在化合物,采用多种人工智能算法对对接结果进行验证,进一步筛选化合物。在所有涉及的预测方法中,研究人员基于深度学习的算法进行了 500 次建模尝试,训练最好的模型在测试集上的平方相关系数为 0.9,最终得到

XGBoost 模型,该模型的平方相关系数为 0.97,均方误差仅为 0.01。随后,研究人员切换到 ZINC 数据库并进行了同样的实验,结果表明原数据库中的化合物具有更强的亲和力。最后,通过分子动力学模拟进一步验证了候选配体与靶蛋白的复合物可在 100 ns 的模拟时间内表现出稳定的结合(实验设计流程如图 5 - 4 所示)。结合基于人工智能算法的应用,研究人员发现山楂和香蒲中的有效成分 1,2 -二甲苯和香蒲酸可能是治疗神经退行性疾病的有效抑制剂。

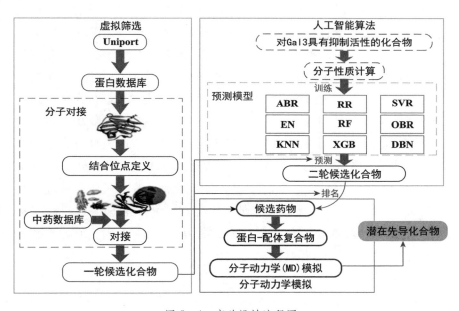

图 5 - 4 实验设计流程图

XGBoost 模型具有较高的预测精度,在药物筛选等小样本数据集上具有实际应用价值。在最近的文献中,研究人员提供了一种新的策略,将基于人工智能的方法应用到药物筛选过程中,从而大大降低新药开发的成本。若从中药数据库中筛选药物分子将是对普通数据库中药物分子筛选的一种创新和有益的补充。

2. 神经退行性疾病模型

随着计算方法的不断进步和生物医学数据的不断丰富,各种神经退行性疾病模型应运而生。研究人员认为,计算模型对于神经退行性疾病研究是有意义的,虽然目前建立的模型在临床实践中存在着一定的局限性,但人工智能有可能克服这些模型所遇到的缺陷,这反过来也可以提高人们对疾病的认识。近年来,已有不同的计算方法被用来阐明不同方面的神经退行性疾病模型。例如,线性与非线性混合模型、自建模回归模型、微分方程模型、基于事件的模型等已经被用于深入了解疾病进展模式和生物标志物轨迹。此外,利用 Cox 回归技术、贝叶斯网络模型和基于深度学习的方法可预测未来疾病发生的概率;采用非负矩阵分解、非分级聚类分析、分级聚集聚类和基于深度学习的方法可将患者根据疾病亚型进行分层。有研究表明,通过基于知识的模型来解释神经退行性疾病数据也是可行的,该模型使用先验知识来补充数据驱动分析。这些基于知识的模型包括以途径为中心的方法、以建立在给定条件下受到干扰的途径,以及特定于疾病的知识图谱,为更好地阐明特定疾病涉及的机制提供了帮助。与日益先进的计算方法相结合后,越来越多的神经退行性疾病模型被开发出来,这些模型可大致分为数据驱动模型和知识驱动模型。与数据驱动的模型相比,知识驱动的模型能为疾病病理生理学提供有意义的背景和见解。对所有神经退行性疾病(NDDs)范围内现有临床研究中存在的缺陷和局限性进行了描述,并论证了人工智能克服这些缺陷的潜力,从而为人们更好地理解神经退行性疾病提供了新的途径。

3. 脑机接口

脑机接口(Brain Computer Interface, BCI),即大脑-计算机交互接口,它是一种新的通信和控制技术。该技术是在人工智能的基础上发展起来的,属于神经科学的一个重要研究领域,通过研究神经生物学的结构和功能,揭示人类身份,全面理解高级精神活动。该技术充分了解允许神经元回路之间连接的神经传递系统,为开发治疗神经退行性疾病(如帕金森病、阿尔茨海默病)铺平了道路。韩国延世大学的课题组开发了一种柔性植入物,它能克服刚性电极材料和软神经组织之间的机械失配,从而实现精确测量来自共形接触的神经信号。通过介绍解决每个挑战的候选材料和设计,总结了当前柔性神经植入物的问题,如慢性设备故障、非生物可吸收电子设备、低密度电极阵列等。为了促进患者康复,需要建立一个监测患者病情的传感平台和治疗性神经调节策略,对于理想的病理学治疗,有必要找到导致神经退行性疾病的确切病变,并在同一区域进行精确的刺激。然而,传统的单功能设备仅有一个神经传感或刺激功能。因此,需要额外的辅助设备来集成药物输送、光电子学和用于电激活的电极阵列。此外,由于外部接线、支撑设备会造成复杂的实验环境从而可能污染生物样本,也会使用户感到不适。而且感应和刺激设备的分离还需要一个校准过程来调整它们之间的时间差,否则无法创建一个闭环(反馈系统)的准确应用时间。空间分辨率的降低还源于传感位置和调制点之间的位置差异,这一位置差异导致神经元活动抑制或兴奋发生在不想要的区域,而非在获得电生理信号的地方。

　　BCI 是一门研究领域涉及神经科学、生物医学、计算机科学、康复医学等多个学科的交叉学科。BCI 的实质是用仪器采集人脑信号,在算法的加持下分析脑信号并推断人的想法,再控制外部仪器对此作出回应,从而拓宽人机接口的范围,这不仅是人们认识和改善大脑机能的一种重要途径,同时也是一种能够改善人们生活品质的新型交流与控制方式,未来的需求将会不断增长。大脑是一个复杂的系统,当大脑活动时,会产生多种物理、化学、生物信号,理论上这些信号均可以被采集和识别,并转化为可以控制仪器的信号。BCI 的实际应用离不开大信息量的脑电信号、较高的时间分辨率、便携的设备、低廉的价格。因此,脑电信号成为目前 BCI 主要的选择。BCI 的出现使人们可以通过思维产生的大脑信号来直接控制外部设备。如果大脑思维正常,而神经肌肉系统异常,无法正常与外界交流或者丧失运动能力,如 ALS 患者,那么通过量身定制的 BCI 装置就能在患者与外部环境之间建立起一座"桥梁",使患者能够像正常人一样生活工作和学习。以英国物理学家霍金为例,他是一名 ALS 患者,其曾经尝试过"眼动追踪技术"以及"脑电波识别技术",虽然后来因为各种原因放弃使用,但这也证明了 BCI 确实能应用于神经退行性疾病。此外,BCI 还可以帮助患者参与康复训练并取得良好的训练效果,以及增强患者工作生活自理能力,使其重拾生活信心并改善其生活品质。华南理工大学的课题组开发了一种基于混合 EEG－EOG(Electroencephalogram-Electro-oculogram)脑机接口的异步轮椅,它结合了运动想象、P300 电位和

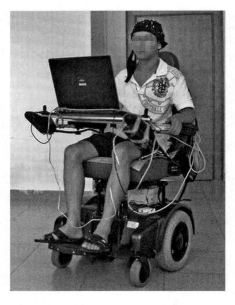

图 5-5 脑机接口的异步轮椅

眨眼来实现轮椅的前进、后退和停止控制。如图 5-5 所示。通过执行相关活动,使用户(如患有肌萎缩侧索硬化症的人)可以通过 7 种转向行为来导航轮椅。四名健康受试者的实验结果不仅证明了脑控轮椅系统的有效性和稳健性,而且表明这四名受试者都可以在没有任何其他辅助(如自动导航系统)的情况下自发而高效地控制轮椅。

由于运动神经元损伤,ALS 患者会出现肌肉萎缩无力,从而导致运动障碍。应用 BCI 技术可以改善肢体运动障碍患者的身体状态,提高其生活品质。当脑机接口获得患者脑信号后,带有算法分析的脑机接口设备即可获悉患者的运动目的,随后控制相关外部设备,如假肢或者外骨骼实现患者意图。例如,比利时蒙斯大学开发了一种基于 P300 的异步脑机接口系统,该系统能使运动障碍患者成功控制智能手机的两个社交功能。清华大学开发了基于稳态视觉诱发电位(Steady-State Visual Evoked Potentials, SSVEP)的脑机接口系统,使假肢能按照用户的指令完成倒水的全过程。

小结

目前的脑机接口还仅限于通过人的思维活动来控制外部机器,以达到为运动障碍的患者提供生活便利的阶段,实际上并未解决神经退行性疾病患者的根本问题。未来如果想要解决此类疾病的根本问题,可能需要脑机接口技术进一步发展,达到让计算机控制脑部活动的程度,即使存在致病因素,也可以通过脑机接口技术反向作用来阻止疾病的表达,以此达到治疗疾病的作用。

　　BCI 技术在神经退行性疾病领域应用广泛,但因其高昂的研发成本、较长的研发周期,技术远未成熟且商业化程度低,实际应用仍面临诸多挑战。从科学技术的角度来看,数量庞大的神经元十分复杂,且目前对大脑信号机制以及反馈刺激的研究尚不全面;大脑信号的采集、识别与处理技术均需进一步提高。此外,相关技术的伦理问题亦不可忽视。但不可否认,其在神经退行性疾病方面的应用或许会成为未来治疗此类疾病的有效途径。

思考与练习

　　1. 神经退行性疾病至今无法治愈的原因是什么?

　　2. 神经退行性疾病现行的治疗手段有哪些?

　　3. AI 应用于神经退行性疾病的局限性主要表现在哪些方面?

　　4. 脑机接口技术应用于神经退行性疾病的治疗需要面对哪些挑战?

参考文献

[1] 程明,任宇鹏,高小榕.脑电信号控制康复机器人的关键技术.机器人技术与应用,2003,4：45 - 48.

[2] 葛松,徐晶晶,赖舜男,等.脑机接口：现状,问题与展望.生物化学与生物物理进展,2020,47(12)：1227 - 1249.

[3] 李静雯,王秀梅.脑机接口技术在医疗领域的应用.信息通信技术与政策,2021(2)：87 - 91.

[4] 刘冲.阿尔茨海默病相关蛋白 Aβ 抑制剂的合成与评价.清华大学,2010.

[5] 徐如祥.脑芯片-脑机接口治疗技术进展.中华脑科疾病与康复杂志,2020,10(6)：383 - 384.

[6] 杨帮华.自发脑电脑机接口技术及脑电信号识别方法研究.上海交通大学,2007.

[7] 张双虎.脑机接口：风口还是入口.中国科学报,2021 - 04 - 08(3).

[8] Alzheimer's Association. 2017 Alzheimer's Disease Facts and Figures. *Alzheimer's & Dementia*, 2017, 13(4)：325 - 373.

[9] A M Tăuţan, B Ionescu, E Santarnecchi. Artificial Intelligence in Neurodegenerative Diseases：A Review of Available Tools with a Focus on Machine Learning Techniques. *Artificial Intelligence in Medicine*, 2021, 117：102081.

[10] A Soldan, C Pettigrew, Q Cai, et al. Cognitive Reserve and Long-term Change in

Cognition in Aging and Preclinical Alzheimer's Disease. *Neurobiology of Aging*, 2017, 60: 164 – 172.

[11] D B Celeste, M S. Miller. Reviewing the Evidence for Viruses as Environmental Risk Factors for ALS: A New Perspective. *Cytokine*, 2018, 108: 173 – 178.

[12] D Ito, M Hatano, N Suzuki. RNA Binding Proteins and Thepathological Cascade in ALS/FTD Neurodegeneration. *Science Translational Medicine*, 2017, 9(415).

[13] E Kahana, M Alter, S Feldman. Amyotrophic Lateral Sclerosis a Population Study. *J. Neurol*, 1976, 212: 205 – 213.

[14] E Lacorte, L Ferrigno, E Leoncini. Physical Activity, and Physical Activity Related to Sports, Leisure and Occupational Activity as Risk Factors for ALS: A systematic review. *Neuroscience & Biobehavioral Reviews*, 2016, 66: 61 – 79.

[15] F B Han, Y Q Gu, H Zhao. Quality Standards of Stem Cell Sources for Clinical Treatment of Neurodegenerative Diseases. *Advances in Experimental Medicine and Biology*, 2020, 1266.

[16] G E Birch, S G Mason. Brain-computer Interface Research at the Neil Squire Foundation. *IEEE Transactions on Rehabilitation Engineering*, 2000, 8 (2), 193 – 195.

[17] G K Sepehr, M Sarah, M Hofmann-Apitius. Data Science in Neurodegenerative Disease: Its Capabilities, Limitations, and Perspectives. *Current Opinion in Neurology*, 2020, 33(2): 249 – 254.

[18] H Ahmadian-Moghadam, M S Sadat-Shirazi, M R Zarrindast. Therapeutic Potential of Stem Cells for Treatment of Neurodegenerative Diseases. *Biotechnol Lett*, 2020, 42: 1073 – 1101.

[19] H Wang, Y Li, J Long, et al. An Asynchronous Wheelchair Control by Hybrid EEG – EOG brain-computer interface. *Cogn Neurodyn*, 2014, 8: 399 – 409.

[20] J P Taylor. A PR Plug for the Nuclear Pore in Amyotrophic Lateral Sclerosis. *Proceedings of the National Academy of Sciences*, 2017, 114 (7): 1445 – 1447.

[21] J Wolpaw, N Birbaumer, W J Heetderks, et al. Brain-computer Interface Technology: Areview of the First International Meeting. *IEEE Transactions on Rehabilitation Engineering*, 2000, 8(2): 164 – 173.

[22] J Xu, M Zhang. Use of Magnetic Resonance Imaging and Artificial Intelligence in Studies of Diagnosis of Parkinson's Disease. *ACS Chem. Neurosci*, 2019, 10: 2658 – 2667.

[23] L Lescaudron, P Naveilhan, I Neveu. The Use of Stem Cells in Regenerative Medicine for Parkinson's and Huntington's Diseases. *Current Medicinal Chemistry*,

2012, 19(35): 6018 - 6035.

[24] L M de Lau, M M Breteler. Epidemiology of Parkinson's Disease. *Lancet Neurol*, 2006, 5(6): 525 - 535.

[25] L M L DeLau, M M B Breteler. Epidemiology of Parkinson's Disease. *Lancet Neurology*, 2006, 5(6): 525 - 535.

[26] L P Deng, W H Zhong, L Zhao, et al. Artificial Intelligence-Based Application to Explore Inhibitors of Neurodegenerative Diseases. *Frontiers in Neurorobotics*, 2020, 14: 108.

[27] M Bozzi, F Sciandra. Molecular Mechanisms Underlying Muscle Wasting in Huntington's Disease. *International Journal of Molecular Sciences*, 2020, 21 (21): 8314.

[28] M Emig, T George, Zhang JK, et al. The Role of Exercise in Parkinson's Disease. *Journal of Geriatric Psychiatry and Neurology*, 2021, 34(4): 321 - 330.

[29] M Eshraghi, P P. Karunadharma, J Blin, et al. Mutant Huntingtin Stalls Ribosomes and Represses Protein Synthesis in a Cellular Model of Huntington Disease, *Nature Communications*, 2021, 12: 1.

[30] M Morris, S Maeda, K Vossel, et al. The Many Faces of Tau. *Neuron*, 2011, 70: 410 - 426.

[31] M Oberstadt, J Claßen, T Arendt. et al. TDP - 43 and Cytoskeletal Proteins in ALS. *Mol Neurobiol*, 2018, 55: 3143 - 3151.

[32] M Prince, A Wimo, M Guerchet, et al. World Alzheimer Report 2015: the Global Impact of Dementia: An Analysis of Prevalence, Incidence, Cost and Trends. *Technical report*, London. 2015.

[33] M Signaevsky, M Prastawa, K Farrell, et al. Artificial Intelligence in Neuropathology: Deep Learning-based Assessment of Tauopathy. *Lab Invest*, 2019, 99: 1019 - 1029.

[34] N Bakkar, T Kovalik, I Lorenzini, et al. Artificial Intelligence in Neurodegenerative Disease Research: Use of IBM Watson to Identify Additional RNA-binding Proteins Altered in Amyotrophic Lateral Sclerosis. *Acta Neuropathol*, 2018, 135: 227 - 247.

[35] N Nag, G A Jelinek. A Narrative Review of Lifestyle Factors Associated with Parkinson's Disease Risk and Progression. *Neurodegener Dis*, 2019, 19: 51 - 59.

[36] P Forouzannezhad, A Abbaspour, C F Li, et al. A Gaussian-based Model for Early Detection of Mild Cognitive Impairment Using Multimodal Neuroimaging. *Journal of Neuroscience Methods*, 2020, 33: 108544.

[37] P Jiang, D W Dickson. Parkinson's Disease: Experimental Models and Reality. *Acta*

Neuropathol, 2018, 135: 13 – 32.

[38] R A Armstrong. What Causes Alzheimer's Disease. *Folia Neuropathologica*, 2013, 51(3): 169 – 188.

[39] R Cacabelos. Parkinson's Disease: From Pathogenesis to Pharmacogenomics. *Int. J. Mol. Sci*, 2017, 18: 551.

[40] R G Smith, M E Alexianu, G Crawford. Cytotoxicity of Immunoglobulins from Amyotrophic Lateral Sclerosis Patients on A Hybrid Motoneuron Cell Line. *Proceedings of the National Academy of Sciences*, 1994, 91(8): 3393 – 3397.

[41] R Prashanth, S D Roy. Novel and Improved Stage Estimation in Parkinson's Disease using Clinical Scales and Machine Learning. *Neurocomputing*, 2018, 305: 78 – 103.

[42] R Rahimian, L-C Béland, S Sato, et al. Microglia-derived Galectin – 3 in Neuroinflammation: A Bittersweet Ligand? *Med Res Rev*, 2021, 41: 2582 – 2589

[43] S N Illarioshkin, S A Klyushnikov, V A Vigont, et al. Molecular Pathogenesis in Huntington's Disease. *Biochemistry Moscow*, 2018, 83, 1030 – 1039.

[44] T Jacopo. Artificial Intelligence in Medicine: Disease Diagnosis, Drug Development and Treatment Personalization. *Current Medicinal Chemistry*, 2021, 28(32).

[45] V Martínez-Cagigal, E Santamaría-Vázquez, J Gomez-Pilar, et al. Towards an Accessible Use of Smartphone-based Social Networks through Brain-computer Interfaces. *Expert Systems with Applications*, 2019, 120: 155 – 166.

[46] X N Liu, K W Chen, T Wu, et al. Use of Multimodality Imaging and Artificial Intelligence for Diagnosis and Prognosis of Early Stages of Alzheimer's Disease. *Translational Research*, 2018, 194: 56 – 67.

[47] Y Cho, S Park, J Lee, et al. Emerging Materials and Technologies with Applications in Flexible Neural Implants: A Comprehensive Review of Current Issues with Neural Devices. *Adv. Mater*, 2021, 2005786.

[48] Y Li, J Pan, F Wang, et al. A Hybrid BCI System Combining p300 and SSEVP and Its Application to Wheelchair Control. *IEEE Trans Biomed Eng*, 2013, 60(11): 3156 – 3166.

（本章作者：杨剑）

第六章　数字智能赋能脊柱外科手术

本章学习目标

通过本章学习,你应该能够:

1. 掌握数字智能导航在脊柱外科中的应用。
2. 熟悉数字化设计及 3D 打印在脊柱外科手术中的应用。
3. 了解脊柱外科的数字影像及手术机器人的发展现状。

18 世纪,蒸汽机的出现拉开了工业革命的序幕,把人类带入工业时代,自此我们有了火车等交通工具;19 世纪,内燃机以及电气的应用给我们带来了汽车、飞机,让我们的生活变得更加便捷;20 世纪,以计算机、航空航天为代表的技术飞跃,让我们突破了距离的限制,将地球变成了一个地球村,让全世界的人们沟通更加的便捷;21 世纪初,第四次科技革命开启,人工智能、无人驾驶等新技术不断涌现,使我们的生活更加数字化、智能化。

如今,一部小小的手机便能极大地丰富我们的生活,轻轻一句话就能让语音助手帮我们完成开关空调、门窗等日常操作,这便是初级的数字智能,随着数字智能的不断发展,无人驾驶、智慧医疗的大门也随之敞开,给我们铺开了通向未来的康庄大道。同时,在脊柱外科领域,数字智能可以使手术更加精准化、个性化,更好地促进病人的康复。

一、引言

近年来数字智能的不断发展给许多学科带来了新的契机。在现代医学领域中,医学影像学是最先与数字智能接轨的学科之一,作为外科医生的第二双眼睛,它的不断发展对外科医学起到了巨大的促进作用。

随着数字化的普及与 X 线不断发展,医学影像学技术已经能做到将图像数字化,减少辐射剂量的同时还能使影像更易传输和保存。计算机断层成像技术(CT)、磁共振(MRI)等技术的出现使医学影像学数字化进程不断向前推进,这也让我们看到数字智能对传统医学所能产生的巨大作用。在外科手术不断追求智能化、微创化、精准化的当下,数字智能的不断发展给我们提供了更多的发展方向。在外科学领域,数字技术和计算机辅助手术对术前规划、术中操作和术后评估产生的影响正在与日俱增。

现阶段脊柱外科领域的手术仍然比较依赖于医生的经验,脊柱外科影像学技术能够辅助脊柱外科医生进行更好的术前评估,但是在确定手术入路后具体实施方面仍然要依靠医生的手感来保证手术过程的顺利进行。随着数字智能的不断发展,脊柱外科影像学技术已经能够将术前规划更加具象地呈现在医生面前,规划后根据规划的路线进行导航,使手术医生在计算机辅助下能更加精准、高效地进行手术,从而减少创伤,更好地恢复患者的机体功能。如此使脊柱外科手术一步步进入一个以更加精准和个体化治疗为特点的一个新的阶段。

虽然,现阶段数字智能在脊柱外科中的应用还不够成熟,但是随着全国脊柱外科医生及研究人员的不断钻研,已经有了一些成功的范例,比如构建数字化个性植入物、手术导航机器人及可视化技术等。

二、数字影像智能识别在脊柱外科中的应用

近年来,人工智能(AI),特别是机器学习(ML)技术得到了快速的发展。AI 有很多分支,包括机器学习、符号推理、启发式算法和进化算法等,这些技术都促进了科学技术的发展,其中,ML 的发展对脊柱外科的贡献尤为重大。ML 作为 AI 的一个分支,能够让机器基于以前的经验和提供的数据来完成特点的任务,使机器具有学习的能力。

ML 主要通过数据来训练机器以达到预期的目的,所以非常适合根据数据特征进行计算输出的应用程序,如图像分类。近年来 ML 中发展最为迅速的领域就是图像处理,比如人脸检测和识别等,它在这些方面能够比专业的操作人员更好地执行图像分类、目标检测和地标定位等任务。

现阶段 AI 和 ML 技术的发展并不成熟,医学影像识别方面也还处于起步阶段,各种基于 ML 的新颖应用虽然才刚刚出现,但已经受到了很多医生尤其是影像科医生的重视。数字影像识别技术的不断发展能够大幅地提升影像解读的精准性,进而更好地辅助临床科室医生进行诊治,对未来医疗数据的解读以及临床诊疗计划的制定都有着巨大的推动作用。虽然现阶段数字影像在基础医学领域的应用研究还较少,影响力也较小,但关于脊柱外科的各项研究成果正如雨后春笋般地不断涌现。

（一）机器学习在数字智能影像方面的应用

在数字智能影像方面,机器学习起到的主要作用是预测,基于开发人员所提供的影像特征以及系统在训练中自动学习和归纳的特征,可以做到将输入的图像转化输出期望值。ML 的应用主要有以下三个方面:
(1)分类:通过提前训练使系统智能识别给定图像的特征,并对其进行分类,临床上常见的应用主要是基于组织病理图像的自动诊断系统,该系统可根据 CT、MRI 等医学影像资料判断其病理特征,从而用于诊断疾病。
(2)回归:将离散的数据输出为连续的结果。例如,在非连续的影像摄片结果中通过计算,输出精确的所需解剖结构的定位。(3)聚类:系统不断归纳识别输入的大量数据,从中找出相应特征并进行分类。与分类的最大区别是聚类无须提前训练学习,聚类已被用于根据疼痛进展将患有骨质疏松性椎体骨折的患者细分为不同的组。

无论执行什么任务,用于进行算法训练以及测试其准确性的大型数据集对 ML 的实现是至关重要的。特别是在医学研究方面,该大型数据集对临床数据的采集标准提出了更高的要求,但也对临床数据的隐私、道德等方面提出了严峻的挑战。

（二）AI 和 ML 在脊柱外科的应用

1. 脊柱结构的定位和标记

在脊柱外科,提到 AI 影像识别最先想到的就是脊柱结构的识别、标记及定位,它可以帮助脊柱外科医师对脊柱外科疾病进行诊断和评估。现在的数字智能识别已经能做到从放射图像(X线、CT、MRI)图像中提取椎骨、椎间盘等信息,并将信息更加直观地展现在医生面前。通过对脊柱特点标志的识别和提取,可以将椎体或椎间盘分离出来单独建模,方便医生更加精准化地观察椎体形态及问题(图6-1)。

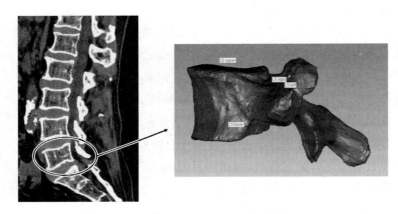

图6-1　AI椎体识别

此外,神经卷积网络和深度学习也可以用于脊柱结构的定位,通过机器的学习和计算,能够更好地拟合脊柱影像的结构形态,从而进行定位。现阶段一些商用图像处理软件已经趋于完善,其精度已经可以达到临床诊治的预期。

2. 分割算法

想要分析图像,首先要解决的问题就是理解图像的内容,即判断每个像素应该属于哪一个区域,这一步被命名为语义分割。语义分割可以手动进行,也可以自动进行。在脊柱外科中,对 AI 的要求除了要识别某像素属于哪一个特定结构(如椎体还是椎间盘),还要能够做到识别脊柱的具体节段。因此,脊柱分割算法需要评估其分割质量。现阶段 AI 多用人工标记的数据进行训练,而人工标注的数据没有办法做到像素级精确,这使得无论人工标注还是机器学习的分割算法的质量都难以评判。在以往的研究中,最常用的度量是骰子相似性系数(Dice Similarity Coefficient, DSC)和平均表面距离(Mean Surface Distance, MSD),前者表示分割图像与真实图像之间的空间重叠量,后者表示分割表面的每个表面像素与真实图像最近的表面像素之间的平均距离。

近年来已经出现了许多关于脊柱分割的研究,通过各项技术将脊柱像素级分解并通过深度学习进行分割,实现了较高的精确度。虽然现阶段已经取得了令人振奋的结果,但脊柱解剖结构的分割仍然有很大的改进空间。

3. 计算机辅助诊断

通过现有的病人数据,ML可以做到综合病史和影像资料来进行脊柱疾病的自动诊断。如今,ML已经能够用于退行性疾病、脊柱畸形以及肿瘤学等相关疾病的自动诊断。例如,将患者的临床症状、既往病史以及影像资料作为输入,对疾病进行分类,如先将腰背痛分为单纯性痛、神经根型痛、脊柱病理疼痛(肿瘤、炎症、感染等)以及心理因素所致疼痛,再将以上分类作为输出,通过ML利用数据与结果的关联性进行深度学习以输出诊断结果。目前来看,由于技术的不成熟性和个人责任等伦理问题的存在,放射科医生还不会被机器取代,但ML用于辅助医生进行诊断的作用是巨大的。

4. 预后预测与临床决策支持

预测分析旨在根据过去的可用数据对未来进行预测,它在很大程度上受到新的人工智能技术和大数据来源的影响。计算机辅助诊断主要利用了ML的监督学习,通过已知的正确诊断去学习并不断纠正调整;而预后预测主要利用ML的非监督学习,通过对现有临床资料的分析,自动学习其中的相似性并进行分析以预测未来的情况。预测分析发展早期,医疗保健领域就对其表现出浓厚的兴趣,因为它在改善患者护理和财务管理方面具有巨大的潜力。预测分析在医疗保健领域的应用主要有:识别健康结果不佳的慢性患者以及可能的干预措施受益者,个性化药物和治疗方案的开发,住院期间不良事件的预测,以及供应链的优化。

与AI和ML在脊柱研究中的其他应用相比,预测分析和临床决策支持目前仍处于初步发展阶段。事实上,目前预测模型通常不会利用成像数据,因为这些数据并不是基于深度学习等最先进技术的。而且,目前仍然缺乏训练此类模型所必需的人工智能研究人员以及包括临床和成像数据在内的大型数据库。但是,最近各国相关部门脊柱登记数据激增,可能会使 AI 和 ML 在这一领域取得重大进展。AI 和 ML 是新兴的颠覆性技术,已经发展到了相当高的水平,它们在部分研究领域也已经产生了实际影响。由于深度学习方面的最新创新和计算资源可获得性的提高,计算机视觉和图像处理的发展势头尤其强劲。事实上,大多数最近使用 AI 和 ML 的脊柱研究都与医学成像有关,但在不久的将来应该也会对其他领域,如脊柱生物力学,产生越来越大的影响。

三、数字化材料设计在脊柱外科中的应用

由于脊柱的解剖结构比较复杂,对脊柱脊髓损伤疾病的诊断以及治疗极其依赖医学影像资料,其中,复杂的脊柱侧弯畸形和脊柱肿瘤等疾病更是对传统影像学的重大考验。严重的脊柱侧弯会影响周围组织的形态甚至结构,使血管、神经等走行发生改变,脊柱外科医生需要在术前掌握详尽的脊柱形态及周围血管、神经的走行。为了能够将脊柱的影像资料更加直观地呈现在医生眼前,3D 打印技术应运而生。

3D 打印技术是现代信息技术以及传统的制造技术融合而成的产物,通过数字化设计就能够根据所选材料直接做出想要的模型,相较于传统的 CT、MRI 等技术所提供的医学影像资料,3D 打印技术能够更加立体、直观地显示患者脊柱的解剖结构,这对医生规划手术路线以及对个性化内植物的选择都有很大的帮助。利用 3D 打印技术可以通过打印导航模板辅助椎弓根螺钉的置入,在术前获得最佳的手术通道。对于腰椎间盘突出以及腰椎发育畸形等需要截骨的手术,3D 打印技术能够更加直观地确定需要截骨的范围。对于需要放椎间融合器的手术,3D 打印的内植物能够更加个性化地贴合患者的脊柱,达到更好的固定效果。

1. 3D 打印技术

3D 打印技术采取逐层累积式的加工方式,无论零部件的形状多么复杂都可以制作,且材料利用率极高。3D 打印技术相比传统模型加工制造,其打印精度可以控制在较高的水平,目前 3D 打印机基本都可以将打印误差控制在 0.3 mm 以内。此外,3D 打印的产品制造周期短,且流程简单,省去了设计和制作模具的阶段,可直接将 CAD(Computer Aided

Design)模型数据打印成实体零件;3D打印可以根据不同的需要采用不同的材料,甚至现在已经有些研究者使用3D打印来打印具有生物活性的人体组织;最重要的是3D打印可以根据目的个性化定制模具,其需要的仅仅是一张CAD图纸,还可以根据患者的需求不断修改。

2. 脊柱外科复杂疾病的诊断

在复杂的脊柱创伤及脊柱畸形等疾病中,由于脊柱的解剖结构相对复杂,传统的医学影像学往往不能提供精确的三维解剖关系。对于此类疾病,医生主要通过影像学资料来进行临床判断,医生对影像资料的判断结果对患者的诊治至关重要。3D打印技术的出现为脊柱复杂疾病的诊断提供了新的思路,通过3D打印技术可以重建脊柱三维解剖结构,比较直观地显示出椎体的病变以及脊椎损伤的部位、范围等信息,从而帮助医生提高疾病的诊疗效果。

与传统的CT、MRI等医学影像学相比,3D打印的模型提供的信息更加详细、立体、直观,利用这些信息,医生可以更加直观地分析脊柱的解剖结构,使人更容易理解复杂脊柱疾病的空间解剖结构,从而更加精准地诊断脊柱疾病,减少复杂疾病的漏诊和误诊,为患者提供最佳的治疗方案,达到最佳的诊疗效果。

3. 个体化高精度的手术方案的制订

脊柱外科医生对患者手术方案的评估和制订,需要根据患者的影像学资料进行空间想象,这对医生的手术经验有较高的要求,而3D打印技术可以更加立体、直观地打印出1∶1的实物模型,并且可以根据医生的需要打印不同层面,以更好地观察特定的区域,制订更加精准的手术方案。医生还可以在3D打印的模型上模拟手术的操作过程,及时发现和优化手术过程,增加对该手术的熟练度,从而达到缩短手术时间、减少术中出血,以及减少术中辐射暴露的目的。此外,还可以制作个性化的手术器械,辅助手术的快速完成,如3D打印导航模板辅助椎弓根螺钉置入技术、截骨导板辅助精准划定截骨减压范围以及个性化定制骨科内植物。

4. 数字化设计在脊柱外科应用中的前景

3D打印技术可以规避临床上椎弓根螺钉置入的盲目性,也可以精准地制订个性化手术方案,既能提高手术的成功率,又能缩短手术时间、减少术中出血。采用 3D 打印的脊柱解剖模型不仅能用于脊柱外科相关疾病的诊断,也能用于临床教学、个体化植入物的定制,3D 打印技术逐渐发挥其重要的临床价值。

新材料技术的不断发展为 3D 打印技术的发展增添了活力,传统工艺不能精准地将一些新型材料制作成所需的形状和大小,而 3D 打印却可以自由调整以满足患者的需求,这促进了新材料在临床上的应用推广。3D 打印技术还可以通过改变支架的内部结构以增强支架的机械性能,与新型材料的机械强度等相辅相成。随着组织细胞培养技术的不断进步,活细胞可能成为打印材料的一部分,可以连同支架一同被打印出来。在不久的将来,利用细胞打印骨组织以修复脊柱病变可能将成为革命性的突破。

四、数字化导航在脊柱外科中的应用

（一）数字化导航概述

1. 数字导航技术的概念与原理

计算机导航辅助系统是基于全球卫星定位系统的技术,它利用医学影像学的相关技术,将术前获取的手术局部区域的 CT、MRI 等医学图像进一步融合成二维或三维的可视化图像,从而使医生在术中精准地沿设计好的通路执行手术。目前的导航技术一般为:术前通过医学影像学相关技术将患者的 CT、MRI 等图像导入系统,形成患者手术区域的三维图像。术中医生手持有标记的手术工具进行操作,通过摄影器件将手术工具与患者的三维图像结合到一个坐标系下,帮助医生确定手术工具在患者体内的具体位置,从而实现精准定位、微创操作。

数字导航技术结合了人体三维定位系统、计算机医学图像处理系统以及三维可视化,通过红外线光学定位或者电磁定位导航系统协助医生在术中进行定位,实时了解手术对象的二维或三维结构信息,帮助医生实现手术目标,最大限度地避免对周围组织的破坏,减少手术损伤和术后并发症的发生。这对于优化手术路径、提高手术定位精度、减少手术损伤以及提高手术成功率等具有十分重要的意义。

2. 导航系统的组成

导航系统主要由工作站、位置跟踪仪、手术导航工具以及监视器组成。以目前发展较为成熟的达·芬奇机器人为代表介绍导航系统各组成部分(图6-2)。(1)工作站:将虚拟坐标系和实际坐标系相匹配,能够进行图像可视化处理;(2)位置跟踪仪:通过光电信号来实时反映患者的位置,一般将位置跟踪仪固定在患者的脊柱上,能够对由患者的呼吸或手术因素而导致的移动进行跟踪调整,进而保证实际坐标系的稳定;(3)手术导航工具:用于标注手术工具(一般是在手术工具上装上标记物),以确定手术工具的位置,用于器械校准和辅助植入内植物等操作;(4)监视器:反映患者的影像学资料和手术器械的位置,将工作台的内容传达给术者。

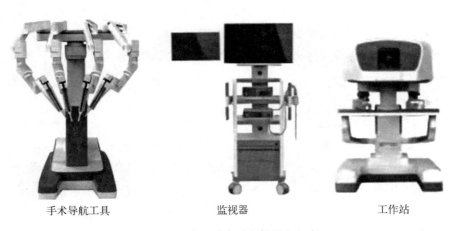

手术导航工具　　　　　　　　监视器　　　　　　　　工作站

图6-2　达·芬奇手术机器人组成

3. 导航系统的分类

根据计算机的数字智能导航与手术环境之间的交互方式,导航系统可分为主动式、被动式和半主动式三种。(1)主动式导航系统。主动式导航系统的代表为手术机器人,医生在术前制定好手术规划,实施手术的过程中依靠机械手臂去执行操作,不需要医生的人工干预。但是,由于机械手臂的灵活度不够高,有些复杂的操作仅凭机械手臂无法完成,而且目前阶段为避免机械手臂误操作所采取的安全措施以及产生的伦理问题,也限制了手术机器人在临床上的推广应用。（2）被动式导航系统。在被动式系统中，导航系统主要起辅助作用，仅用来辅助确定手术轨迹，实际的手术操作仍由医生来完成。空间立体定位技术是被动式导航系统的关键，它能够帮助医生达到更加精确手术入路的效果。实现定位的方法有光学定位、超声波定位和电磁定位法。（3）半主动式导航系统。半主动式导航系统结合了主动式系统和被动式系统的优点，其仍属于手术机器人的范畴。半主动式系统主要是机械臂进行操作，但会保证医生能够在安全的范围内移动手术工具，这样既能保障手术的精确性，又能提高灵活度，还能减少使用纯机械造成的误操作。

4. 导航系统分述

机械导航系统。机械导航系统目前主要有框架式机械系统和无框架机械臂定位系统两种。框架式机械系统的特点是精度高，但是设备比较笨重，影响手术视野，妨碍医生操作，患者会比较痛苦。无框架机械臂定位系统将机械臂和计算机技术结合，可以不用机械框架进行定位，不会影响手术视野，方捷了医生操作，但是定位的精度不够，限制了它的临床应用。

电磁波导航系统。该系统包括 3 个磁场发生器和 1 个磁场探测器，探测器的线圈检测磁场发生器发生并透过软组织的磁场，从而确定各发生器间的相对位置和探测器的空间位置，检测精度较高。电磁波导航系统的造价低且不存在遮挡问题，但其对金属物体比较敏感，手术室中的监护仪、高频电刀等设备都会对电磁导航系统造成干扰，从而影响电磁导航的准确性和可靠性。

超声波导航系统。超声波导航系统利用超声测距的原理，将超声波发射器安装在标架上，将接收器安装在手术器械上，通过计算机计算发射器和接收器之间的距离来判断接收器的空间位置，从而得到高清晰度的图像。在实验室中，超声波导航系统精度较高；但在手术室中，环境噪声干扰，空气温度、气流的变化等因素都会影响导航的精度，因此限制了该项技术在临床中的应用。

光学导航系统。该系统使用普通光或红外光成像技术，利用三目和双目机器视觉原理来进行定位，光学导航系统是目前手术导航系统中应用较为广泛的一种。这种光学导航系统定位的精度高,应用灵活方便,但容易受到术中物体和医生本人的遮挡而导致成像丢失。

(二)数字化导航在脊柱外科手术中的应用

1. 导航系统在颈椎手术中的应用

颈椎上段区域解剖结构复杂,周围有椎动脉、延髓、颅神经等重要结构,要求手术必须具有极高的精确度以降低手术失败率。在 C1~C3 颈椎畸形或骨折的治疗中,导航系统可对该部位进行三维重建以了解患者该区域的具体情况,同时利用可视化技术为患者制定最安全的手术入路,术中在计算机导航的辅助下,医生可以随时调整进针的方向、角度和深度,使螺钉置入更加精确,减轻医生对操作经验的依赖,还可以减少对软组织的损害,减少手术时间及术中出血,这些均有利于患者的预后。

2. 导航系统在胸椎、腰椎手术中的应用

胸椎、腰椎爆裂骨折是临床上常见的脊柱损伤,而且这种脊柱损伤对脊柱的破坏较大,往往会压迫脊髓从而继发椎管狭窄。治疗脊柱稳定性失衡的办法主要是椎弓根螺钉的固定,治疗的效果取决于椎弓根螺钉固定的好坏,精准置入椎弓根螺钉往往需要医生拥有丰富的操作经验,在这方面计算机辅助导航系统能够很好地帮助医生减轻对操作经验的依赖,提高椎弓根螺钉置入的成功率。采用计算机辅助导航的手术由于术前已进行个性化的规划,能够有效地避免伤及周围软组织,且能够精确地使螺钉到达指定位置,使手术更加精准和微创。

3. 导航系统在脊柱矫形手术中的应用

随着手机和电脑的普及,许多人的颈腰椎都发生了不同程度的曲度改变,甚至脊柱侧弯的发生率也随之升高。对这类需要进行脊柱矫形的患者而言,异常的脊柱解剖结构是治疗的难点,容易导致椎弓根螺钉置钉错误,损伤血管及神经。而利用数字化技术进行辅助导航,能够根据患者脊柱变形的具体情况选择最合适的置钉通路和最恰当的椎弓根螺钉大小与直径,从而有效提高手术的成功率。数字化导航技术能够有效地减少手术时间和术中出血,不仅能减少医生和患者的辐射暴露,还能减少患者术后并发症的发生,有利于患者的康复。此外,本技术的应用简单,医生不需要很长的学习周期,能够更好地普及。

总的来说,计算机辅助导航系统经过十余年的发展,已经在各领域开展了许多临床应用,并且取得了初步的成效。与传统的手术方法相比,计算机辅助导航系统的优点可总结为:(1)匹配术前得到的病灶部位三维图像数据与术中患者实体,观察病灶部位内部结构和被软组织遮挡部分的结构,术前更好地规划路线,从而减小手术创口,加快患者的恢复过程。(2)所有的手术过程以及手术的数据都可以被手术导航仪记录下来,从而方便进行术后分析。(3)手术导航系统可以实现异地手术的执行,使不同地方的患者都能够享受到高水平的手术治疗。

(三)数字化导航与手术机器人

医疗机器人是集医学、生物力学、机械学、材料学、计算机图形学等多种学科于一体的新型交叉型高科技产品。现在有部分外科手术机器人已经被投入临床使用,但脊柱外科手术机器人仍处于临床初期阶段。上文已经详细介绍了数字化导航系统辅助脊柱外科手术,手术机器人在此基础上利用机械手臂进一步解放了医生双手,能更好地提高手术效率,符合个体化、微创化、精准化的现代医学概念。

1. 手术机器人的工作原理和导航方式

被动导航系统的手术机器人。被动导航系统的手术机器人依赖于术前测量的器械与患者骨结构的位置、术中提供的信息,技术成熟度较高,便于实现。手术过程中需要医生操作手术机器人,及时地进行调整。SPINEASSIST是目前在脊柱外科领域唯一应用的手术机器人系统,它采用的方式是将一个微型并联机器人固定在患者的脊柱上,用C臂采集术中患者的正侧位图像,通过计算机系统完成图像的配准,以便将术前规划的路线显示出来。手术过程中手术机器人是被锁定的,由医生操作手术器械在既定的引导通道下完成手术。

主动导航系统的手术机器人。主动导航系统的手术机器人能够适时捕获手术器械与患者脊柱结构之间的相对位置,能够应对解剖结构较为复杂的脊柱手术。通过术前扫描患者CT图像,建立导航路线,在术中根据患者的脊柱结构不断调整导航图像,帮助医生更好地判断器械所在位置,主要用于需要精准操作的微创骨科手术。比如,三维导航手术机器人系统可以实现基于三维 CT 图像的导航(图 6-3),其在手术过程中的作用包括术前扫描、路径规划、定位钉的置入、软组织固定以及手术实施。导航系统使用红外相机实时跟踪标志点位置,若手术过程中标志点偏移,手术机器人可以及时调整,提高了手术的安全性。

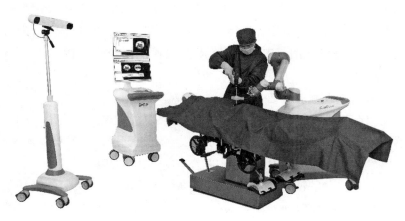

图 6-3　主动导航手术机器人

随着未来医学机器人和医学成像技术的进一步发展和结合,具备图像引导等导航功能的骨科手术机器人必然会成为微创骨科新的发展方向和趋势。导航系统的稳定性和安全性将成为手术机器人发展的重中之重。

2. 国外机器人手术系统发展现状

达·芬奇机器人微创外科手术系统。达·芬奇机器人微创外科手术系统是目前发展较为完善的系统,该系统允许医生采用坐姿远程遥控机器人来进行手术,其机械臂有 7 个自由度,能够完成触觉反馈以及宽带远距离控制等功能。达·芬奇机器人拥有 77 自由度的仿真机械手,包括臂关节上下、前后、左右运动与机械手的左右、旋转、开合、末端关节弯曲共 7 种动作。其配置了各类型手术器械,可满足抓持、钳夹、缝合等各项手术操作要求。

宙斯机器人手术系统。宙斯机器人手术系统的末端结构是仿照人类手腕设计的机械手,能够完成抓握、推动等动作,可以从毫米级切口进入患者体内进行微创手术。而且其监控屏上的手术画面能放大 15~20 倍，这给许多患者带来很大福音。

伊索机器人手术辅助系统。伊索机器人辅助手术系统（AESOP）为声控系统，主要由机械手掌、机械臂、机械躯体和电脑语音识别系统几部分组成。AESOP 实际上是一种具有语言识别能力的内镜定位器声控自动装置。医生在手术前把各种指令记录在一张声卡上，手术时只需将这张声卡插入 AESOP 的控制盒内，手术医生就能用声音直接控制 AESOP 的各种动作。

3. 我国手术机器人的研究现状

我国在手术机器人的研制方面取得了一定的成果。国内最早的手术机器人尝试是从 1997 年开始的，现在已经有"妙手 A"手术机器人系统、"天智航"机器人系统、AOBO、"天玑"等在临床中使用。

"妙手 A"（McrolHand A）手术机器人系统是国内首次研制成功的具有自主知识产权的微创外科手术机器人，其配置的微创外科手术机器人三维视觉系统，使手术视野与传统平面成像系统相比更加清晰。此外，"妙手 A"还建立了机器人系统的力学反馈系统，使医生在操作过程中有仿真的触觉，提高了手术的精准度。

"天智航"机器人系统为首款双平面骨科机器人，解决了传统手术中定位困难、操作缺乏稳定性等问题，主要针对长骨骨折、骨盆骨折等复杂部位骨折的螺钉固定术，用于辅助确定远端螺孔的位置和方向，进而提高手术精度，术中引入 C 型臂实时影像，能够有效降低术中辐射，目前在脊柱外科应用较少。

AOBO 手术机器人是一种新型的具有 7 个自由度的外科手术机器人，在实际手术操作中可以更进一步地准确定位和精确操作，AOBO 还可以配合其专用的手术镊子实现更大的工作范围，真正做到运动范围大、动作灵活，极大地方便了医生的操作并减少了机械臂本体关节之间的相互配合运动。

综合来看，国内的医疗机器人产品已普遍进入了高校科研和临床试验向产业化过渡的重要阶段，目前国内还有一些科研成果正在向临床应用转化或过渡，如沈阳自动化研究所研制的脊柱外科机器人系统、哈尔滨工业大学研制的微创外科手术机器人系统等。虽然我国在手术机器人的研制方面取得了一定的成绩,但在适用范围和实用性方面还有许多问题需要解决。

(四)计算机导航辅助脊柱外科手术的不足与发展趋势

1. 计算机导航技术的不足

计算机导航技术不足主要有以下几点:(1)技术标准不统一。各导航产品百花齐放,不断更新迭代,使得行业没有统一的标准,另外手术操作的流程以及结果的评价也没有金标准,各类导航设备均制定了自己的操作流程,这也加大了脊柱外科医生的学习成本,不利于形成多样本实验的结果评价。(2)学习成本高。导航技术的行业标准还未形成,而且脊柱外科医生大多数已经熟悉传统手术的操作流程,没有统一的导航技术培训,术中使定位小球易被遮挡而导致系统运行不精确,或者因为定位球的存在影响医生的操作习惯,这些都使得导航技术在推广中受阻。(3)导航技术发展不完善。现阶段导航系统还不能做到尽善尽美,虽然可以在术前定位及规划,但术中情况多变,包括但不限于患者在麻醉情况下肌肉松弛带来的误差以及术中切除部分骨块导致脊柱形变带来的误差等,这些都可能会导致实际情况与规划路线之间产生图像偏移,影响导航系统的准确性。

2. 计算机导航技术的发展趋势

随着计算机技术的不断进步,导航系统在脊柱外科手术中的应用不断增多,学者的研究热点也从"导航技术能否提高手术精度,改善手术效果"转变为"如何增加计算机导航技术的临床实用性"。这些年计算机技术以及设备的不断进步,反而让行业标准显得滞后,现在不仅需要深入研究计算机导航技术与设备面临的难题,还要为计算机导航手术制定统一的评价标准和使用规范,从而提高现有导航系统的临床实用性。导航技术面世时间尚短,设备的设置和调试占据了不少手术时间,甚至导致部分导航技术辅助下的脊柱手术反而耗时比传统手术更长。随着医生经验的不断丰富,导航技术辅助下脊柱手术所用的时间越来越短,优势也逐步扩大。临床文献报道当医生团队熟悉导航技术的操作和调试流程后,在使用初期,常规手术中置钉时间和手术时间没有明显增加,在熟悉导航技术后手术时间逐步缩短,所以,初学者可在常规手术中不断熟悉导航技术和系统,待完全熟悉后,应用在复杂手术中就可大大缩短复杂手术的手术时间。现阶段数字智能导航手术机器人的研发处于百花齐放的状态,每个机器人的专精方向也有所差别,但都在使脊柱外科手术向着微创、精准、个性化的方向不断前进。随着导航技术发展趋于完善,其设备和技术的安全性得到了保障,导航手术的标准也逐渐统一,其必将跟上互联网时代的浪潮,与数字化、智能化的技术实现融合发展。

小结

综上所述,虽然计算机辅助导航技术出现的时间并不长,但已经带来了手术方式的新的可能。如同微创内镜技术早期出现时一样,尽管在实际应用中还存在着许多问题,但总的发展趋势不断向好。相信未来导航技术会不断地完善,其实用性和精确性也会变得更高,对临床工作指导意义也会变得越来越重大。计算机辅助导航系统必将促进脊柱外科治疗技术不断发展。

思考与练习

1. 脊柱外科领域有哪些方面可以用到数字化技术?
2. 数字智能是如何提高脊柱外科手术精度的?
3. 浅析各类数字导航系统的优缺点。
4. 简述你对骨科机器人发展方向的看法。

参考文献

[1] A Gadia, K Shah, A Nene. Emergence of Three-Dimensional Printing Technology and Its Utility in Spine Surgery. *Asian Spine J*, 2018; 12(2): 365 – 371.

[2] A Hosny, C Parmar, J Quackenbush, et al. Artificial intelligence in radiology. *Nat Rev Cancer*, 2018; 18(8): 500 – 510.

[3] B N Staub, S S Sadrameli. The use of robotics in minimally invasive spine surgery. *J Spine Surg*, 2019, 5(Suppl 1): S31 – S40.

[4] C Freschi, V Ferrari, F Melfi, et al. Technical review of the da Vinci surgical telemanipulator. *Int J Med Robot*, 2013, 9(4): 396 – 406.

［5］ C J Chang, G L Lin, A Tse, et al. Registration of 2D C-Arm and 3D CT Images for a C-Arm Image-Assisted Navigation System for Spinal Surgery. *Appl Bionics Biomech*, 2015：478062.

［6］ C McKenna, R Wade, R Faria, et al. EOS 2D/3D X-ray imaging system：a systematic review and economic evaluation. *Health Technol Assess*, 2012；16(14)：1－187.

［7］ C Stuer, F Ringel, M Stoffel, et al. Robotic technology in spine surgery：current applications and future developments. *Acta Neurochir Suppl*, 2011, 109：241－245.

［8］ E D Sheha, S D Gandhi, M W Colman. 3D printing in spine surgery. *Ann Transl Med*, 2019, 7(Suppl 5)：S164.

［9］ F Galbusera, G Casaroli, T Bassani. Artificial intelligence and machine learning in spine research. *JOR Spine*, 2019；2(1)：e1044.

［10］ F Galbusera, G Casaroli, T Bassani. Artificial intelligence and machine learning in spine research. *JOR Spine*, 2019；2(1)：e1044.

［11］ I H Kalfas. Machine vision navigation in spine surgery. *Front Surg*, 2021, 8：640554.

［12］ J Huang, Y Li, L Huang. Spine surgical robotics：review of the current application and disadvantages for future perspectives. *J Robot Surg*, 2020, 14(1)：11－16.

［13］ J J Rasouli, J Shao, S Neifert, et al. Artificial Intelligence and Robotics in Spine Surgery. *Global Spine J*, 2021, 11(4)：556－564.

［14］ J Schmidhuber. Deep learning in neural networks：an overview. *Neural Netw*, 2015；61：85－117.

［15］ J T Yamaguchi, W K Hsu. Three-Dimensional Printing in Minimally Invasive Spine Surgery. *Curr Rev Musculoskelet Med*, 2019, 12(4)：425－435.

［16］ J Y Lee, D A Bhowmick, D D Eun, et al. Minimally invasive, robot-assisted, anterior lumbar interbody fusion：a technical note. *J Neurol Surg A Cent Eur Neurosurg*, 2013, 74(4)：258－261.

［17］ J Zhang, Li H, Lv L, Zhang Y. Computer-Aided Cobb Measurement Based on Automatic Detection of Vertebral Slopes Using Deep Neural Network. *Int J Biomed Imaging*, 2017；2017：9083916.

［18］ K Cleary, C Nguyen. State of the art in surgical robotics：clinical applications and technology challenges. *Comput Aided Surg*, 2001；6(6)：312－328.

［19］ L P Nolte, M A Slomczykowski, U Berlemann, et al. A new approach to computer-aided spine surgery：fluoroscopy-based surgical navigation. *Eur Spine J*, 2000, 9 Suppl 1：S78－88.

[20] M A Rauschmann, J Thalgott, M Fogarty, et al. Insertion of the artificial disc replacement: a cadaver study comparing the conventional surgical technique and the use of a navigation system. *Spine (Phila Pa 1976)*, 2009, 34(10): 1110 – 1115.

[21] M Chang, J A Canseco, K J Nicholson, et al. The Role of Machine Learning in Spine Surgery: The Future Is Now. *Front Surg*, 2020, 7: 54.

[22] M Poduval, A Ghose, S Manchanda, et al. Artificial intelligence and Machine Learning: a new disruptive force in orthopaedics. *Indian J Orthop*, 2020; 54(2): 109 – 122.

[23] M R Hsu, M S Haleem, W Hsu. 3D Printing Applications in Minimally Invasive Spine Surgery. *Minim Invasive Surg*, 2018: 4760769.

[24] N F Tian, H Z Xu. Image-guided pedicle screw insertion accuracy: a meta-analysis. *Int Orthop*, 2009; 33(4): 895 – 903.

[25] N F Tian, Q S Huang, P Zhou, et al. Pedicle screw insertion accuracy with different assisted methods: a systematic review and meta-analysis of comparative studies. *Eur Spine J*, 2011; 20(6): 846 – 859.

[26] N W Schep, I A Broeders, C van der Werken. Computer assisted orthopaedic and trauma surgery. State of the art and future perspectives. *Injury*, 2003; 34(4): 299 – 306.

[27] O Cartiaux, L Paul, B G Francq, et al. Improved accuracy with 3D planning and patient-specific instruments during simulated pelvic bone tumor surgery. *Ann Biomed Eng*, 2014; 42(1): 205 – 213.

[28] P Merloz, J Troccaz, H Vouaillat, et al. Fluoroscopy-based navigation system in spine surgery. *Proc Inst Mech Eng H*, 2007, 221(7): 813 – 820.

[29] S J Federer, G G Jones. Artificial intelligence in orthopaedics: A scoping review. *PLoS One*, 2021; 16(11): e0260471.

[30] S Lu, Y Q Xu, Y Z Zhang, et al. A novel computer-assisted drill guide template for lumbar pedicle screw placement: a cadaveric and clinical study. *Int J Med Robot*, 2009; 5(2): 184 – 191.

[31] W Cho, A V Job, J Chen, et al. A Review of Current Clinical Applications of Three-Dimensional Printing in Spine Surgery. *Asian Spine J*, 2018, 12(1): 171 – 177.

（本章作者：陈雷　于研）

第七章 基于人工智能的
心脑血管疾病预警

本章学习目标

通过本章学习,你应该能够:

1. 掌握人工智能的基本概念。
2. 了解医学人工智能的发展简史。
3. 了解人工智能的四大分支及其各自的特点。
4. 了解机器学习实现疾病预测的步骤。
5. 了解人工智能的医学应用领域。

在 2010 年之前,人工智能(AI)尚未进入社会大众的视野,随着社会的发展与科技的进步,在各个领域中机器学习、深度学习等一系列人工智能技术逐渐兴起,并蓬勃发展。2016 年 3 月,在 AI 代表 AlphaGo 打败了职业围棋棋手李世石之后,公众开始对 AI 有了全新的认识,与此同时,社会各界也开始讨论 AI 对人们日常生活的影响。在 AI 浪潮的驱动下,神经网络等算法与医学紧密结合,发挥了极大的用途与作用。AI 将成为医疗领域的辅助利器,为未来医学的发展发挥大作用、大智慧。

目前,医学领域的多学科已实现 AI 交叉,比如在常规慢性非传染性疾病领域。慢性非传染性疾病即慢性病,是由多种危险因素长期影响而导致的一种慢性疾病,是对病情持续时间长、病因复杂的疾病总称。据统计,全球范围内死于慢性病的人数约占总死亡人数的 70%,其中心脑血管疾病为首要死因。死于心脑血管疾病的人数约为癌症死亡人数的两倍。心脑血管疾病是全球疾病负担最重的疾病,无论是远程医疗的专家系统,还是辅助医生的手术机器人,抑或针对人群的心脑血管突发事件的智能预测预警,对于心脑血管疾病的治疗研究与前沿科学一直以来都是比较受关注的领域。人工智能与医疗领域的结合越来越紧密,对医疗领域的影响也越来越深远。

一、引言

人工智能(AI)是计算机科学的一个分支,是通过计算机对人类的认知能力、思维能力与智能行为进行模拟的一种技术方法,是以机器为载体实现人类智能的学科。AI 经历了孕育、诞生、早期的热情与现实的困难等诸多阶段,逐步实现了类人行为、类人思考、理性思考,并将这种人类智能与机器结合,实现高级应用。

AI 是一门集众多学科精华于一体的尖端学科,它以数学、神经科学、经济学、心理学、计算机工程、控制论、语言学以及仿生学等学科为基础,通过多学科交叉实现了相互渗透、协同发展,实现了研究与智能实体的开发,创造了更高的效率与更大的价值。

二、人工智能与医学人工智能的发展简史

任何学科的出现,都伴随着其历史发展与变革中的需求性与必然性,AI 也不例外。AI 的出现,是人类不断追求、探索与研制能够进行独立计算、推理与思维的智能机器的必然结果,它试图利用智能机器来代替人类部分脑力劳动以及体力劳动,以此来提高人类创造价值的能力,在这个过程中 AI 的诞生、发展、进化与不断衍生,推动着人类进入智能时代。

(一)人工智能的发展简史

1. 人工智能的诞生

1950 年,英国数学家、逻辑学家艾伦·麦席森·图灵(Alan Mathison Turing)在撰写的论文《计算机与智能》(*Computing Machinery and Intelligence*)中提出了著名的"图灵测试"。图灵测试(Turning Test),是指

人类测试者与密室中的被测试者(一个人和一台机器),通过一些装置向被测试者随意提问与对话。在多次测试中,如果机器的对话使每个人类测试者都做出平均30%以上的错误判断,即测试者无法分辨人和机器,那么这台机器就通过了测试,并被认为拥有人类智能。图灵测试作为机器智能测试的一个重要标准,它的提出奠定了AI科学的理论基础。

1951年,美国科学家马文·闵斯基(Marvin Lee Minsky)基于图灵的机器研究成果,提出关于思维如何萌发并形成的理论,创造了第一台神经网络计算器SNARC(Stochastic Neural Analog Reinforcement Calculator)。第一次模拟了人类大脑神经信号的传递,为AI的发展奠定了深远的基础。

1955年,艾伦·纽厄尔(Alan Newell)、赫伯特·西蒙(Herbert Simon)和克里夫·肖(Cliff Shaw)建立了"逻辑理论家"计算机程序来模拟人类解决问题的技能,这项工作开创了一种日后被广泛应用的方法:搜索推理。

1956年,人工智能元年。在达特茅斯学院中,约翰·麦卡锡(John McCarthy)、马文·闵斯基(Marvin Minsky)、克劳德·香农(Claude Shannon)、艾伦·纽厄尔(Allen Newell)、赫伯特·西蒙(Herbert Simon)等科学家召开了以"达特茅斯夏季人工智能研究计划"为主题的达特茅斯会议,宣告了"人工智能"作为一门新的学科的诞生。

2. 人工智能的发展浪潮

AI发展的第一波浪潮为1956—1976年。第一个浪潮的核心是逻辑主义,即赋予机器逻辑推理能力。逻辑主义主要是用机器证明的办法去证实和推理一些知识,比如能否用机器证明一个数学定理,这是机器证明的问题。要想证明这些问题,需要把原来的条件和定义从形式化变成逻辑表达,然后用逻辑的方法去证明最后的结论正确与否,这一过程叫作逻辑证明。AI发展的第二次浪潮为1980—1987年。第二个浪潮的核心是连接主义,使得AI向实用化发展。其代表性技术是神经元网络与深度学习,将人的神经系统的模型用计算的方式呈现,仿造出人类智能模式。连接主义持续了十几年,仍存在着诸多无法解决的问题。神经元网络可以解决单一问题,但解决不了复杂的问题。训练学习时,若数据量太大就会受到一定限制而无法达到预期的效果。AI 发展的第三次浪潮为 2011 年至今。第三次浪潮中,深度学习助力感知智能,AI 步入成熟阶段。21 世纪,伴随着高性能计算机、因特网、大数据、传感器的普及,电脑芯片的计算能力高速提升,以及计算成本的下降,机器学习(ML)随之兴起。所谓机器学习,是指让计算机大量学习数据,使它可以像人类一样辨识声音、图像及影像等多种介质,或是利用诸多算法针对具体问题作出合理的判断。随着数学计算与推导的发展,不断驱动着机器学习的发展,把一些技术、神经元网络和统计的方法结合到一起,逐渐形成了新的数学模型与算法,并逐渐构建 AI 生态圈,使 ML 逐渐走向成熟。

(二) 医学人工智能发展简史

1956 年的达特茅斯会议彻底拉开 AI 发展的序幕,在诸多行业中 AI 日益受到重视。在医学领域,1974 年,斯坦福大学启动了医学实验计算机研究项目,促进 AI 与医学融合应用,推动医学发展。此时期医学 AI 受制于计算机处理、分析、计算能力,并不能实现诸多设想,一直处于发展低谷期。20 世纪 80 年代,计算机更新迭代,第五代计算机诞生。神经网络也随着计算机的更新而得到飞速发展,医学 AI 进入快速发展期。1985 年,第一届欧洲医学人工智能会议召开。1986 年 BP 神经网络算法被发明与应用。1989 年《医学人工智能杂志》在意大利创刊,进一步推广了 AI 在医学领域的全面应用。自 21 世纪以来,随着新的算法不断衍生、计算机迭代技术的不断进步、深度学习等认知技术的不断发展,医学 AI 不断更新与进步,从实验室研究到医学领域应用,逐渐走向成熟,AI 技术的临床应用也得到了不断实践与推广。

三、人工智能技术的四大分支

自 AI 发展的第二次科技浪潮之后,AI 学科呈井喷式的发展。AI 是计算机科学、工程学等学科交叉融合而成的综合学科,根据分支特点不同可将其划分为模式识别、机器学习、数据挖掘和智能算法四个分支。AI 的核心能力是根据给定的输入作出判断或预测。

(一) 模式识别

模式识别(Pattern Recognition)又称模式分类,是指对表征事物或者现象的各种形式(数值、文字和逻辑关系)数据信息进行数据处理与分析,以及对事物或现象进行描述、分析、分类和解释的过程,简而言之,是指根据数据信息特征对不同类别的数据样本进行分类,研究人类模式识别的机理以及有效的计算方法。模式识别主要应用于:(1)语音识别与理解:语音识别、音色识别、语种识别、语音情感识别、文字情感识别等语音相关功能识别。(2)文本、字符识别:印刷体字符识别、手写体字符的识别、在线手写字符识别。(3)生物特征识别:指纹识别、语音识别、人脸识别、虹膜识别、掌静脉识别等。(4)生物医学信号识别:心电图、心音、多普勒生物信号、染色体、DNA 序列(亲子鉴定、犯罪证据提取)等。(5)图像检索:网络图片数据比对与检索。(6)遥感图像识别:遥感图像识别已广泛用于农作物估产、资源勘察、气象预报和军事侦察等。

（二）机器学习

机器学习(ML)是指计算机模拟或实现人类的学习行为,以完成知识获取、自主学习或技能掌握,重构已有的知识结构体系,实现操作者的特定要求与目的。机器学习最基本的实现过程是利用算法获得学习能力,通过不断学习来解析数据,然后对真实世界中的事件作出决策和预测。与传统的模型分析解决特定任务、特定编码的软件程序不同,ML 通过大量的数据来"训练"并实现与真实世界验证,利用各种不同算法从数据中学习如何完成任务。简而言之,ML 就是利用算法解析数据,不断加以学习,从而对真实世界中的所发生或即将发生的事物进行判断与预测的一项技术。

ML 来源于早期的 AI 领域,传统的算法包括决策树、聚类、贝叶斯分类、支持向量机等。从学习方法上来划分,ML 算法可以分为监督式学习、无监督式学习、半监督式学习、深度学习和强化学习。

（三）数据挖掘

数据挖掘(Data Mining, DM)是指在数据库中,从大量的、不完全的、随机的数据中提取隐含的、未知的,但存在价值的信息和知识的过程。其主要研究发现知识的各种方法和技术,通过数据统计、分析处理、信息检索、机器学习、专家系统以及模式识别等诸多方法来实现研究目的,是一种探测型的数据分析。简而言之,DM 是指从大量的数据中通过算法搜索隐藏于其中的信息的过程。

（四）智能算法

智能算法又称软计算，它是人们受生物界自然规律的启迪，根据其原理模仿求解问题的算法。人类模仿自然界结构与规律进行发明创造，开创仿生学。研究人员基于仿生原理进行设计（包括算法设计），实现智能计算的思想研究。AI领域现已存在多种智能算法，如人工神经网络技术、遗传算法、模拟退火算法等。其中，人工神经网络应用尤为广泛，它突破了以线性处理为基础的传统数字电子计算机的局限，标志着计算机智能信息处理能力和模拟人脑智能行为能力的飞跃。人工神经网络是一种由大量的、简单的神经元广泛互连而形成的一个复杂网络系统，具有高速信息处理的能力，是一个高度复杂化的非线性动力学系统。其特点是一种非线性的处理单元，只有当神经元对所有的输入信号的综合处理结果均超过某一门限值后才输出一个信号。近年来，具有高度非线性的超大规模连续时间动力学系统，突破了传统的以线性处理为基础的计算机的局限性，标志着人们智能信息处理能力和模拟人脑智能行为能力的一大飞跃。

四、机器学习与疾病预测

机器学习（ML）在疾病风险预测领域也起着尤为重要的作用，不同的算法可以对多种不同的疾病进行风险预测。以心脑血管疾病为例，Framingham团队是全球最早进行心脏病研究的团队，基于冠心病的风险预测模型是Framingham团队研究中最具有代表性的预测模型，常用于预测个体发生冠心病的发病风险。已有研究人员利用多个国家的数据验证Framingham团队的预测模型对于心血管疾病的风险评分，发现该常规预测方法存在地区差异与方法缺陷。虽然该方法可通过风险预测工具识别一些潜在的心血管疾病患者，但仍存在20%左右的错误分类高风险个体。

自21世纪以来，人们对ML在医疗健康领域越来越关注，ML已应用于多种生物医学，比如癌症疾病的预后分析、心脑血管疾病的风险预测，ML更强调应用于疾病事件预测。现有相关研究表明，ML可作为疾病风险预测的一种有效方法,比如决策树、随机森林算法用于解决癌症分类问题,支持向量机用于检测糖尿病疾病分期。国外一项研究通过最邻近算法、决策树以及随机森林算法等 ML 算法与传统的心血管疾病评分系统进行比较,验证了 ML 结果的预测价值。

(一) ML 实现疾病预测的步骤

利用 ML 预测心脑血管疾病,即利用 ML 对数据的读取学习能力,用现有的心脑血管数据对预测模型进行训练,从而使模型具备对新数据进行预测的能力。基于 ML 的预测模型可以给医生提供辅助决策,降低医生工作负担。

构建基于 ML 的预测模型主要分以为下步骤(图 7 - 1):第一步:确定研究目标并针对研究所需的信息进行数据收集。数据收集是至关重要的,决定了模型效果上限与预测能力。结构化数据信息通常包括人口学信息、体格检查信息、临床信息、疾病用药与病史以及研究所需的特定数据信息等。第二步:数据的整理。经过数据样本信息采集,会收集到包含无效信息、错误信息的原始数据,存在一定的异常值、缺失值、特征冗余、高维稀疏的问题,不适合直接进行训练模型。在进行模型训练之前需要根据研究目的与内容针对原始数据集利用合适的数据整理方法进行数据预处理。数据预处理方法较多,常用的方法为筛选剔除异常值,多重插补缺失值,数据标准化校正,特征编码、特征降维、特征筛选等方法。数据预处理完成后即可根据数据选择机器学习的模型。第三步:特征工程。即针对原始数据特征进行一系列高阶组合,进而让模型学习特征间的高阶非线性信息。特征工程在模型的训练建模过程中是一个十分重要的步骤,经过严格处理的特征工程可以有效提高模型的预测效果。特征工程常用的方法有针对连续性数据特征进行四则运算、针对离散型数据特征进行两联组合、统计特征等。第四步:ML 算法选择。ML 算法选择对疾病预测尤为重要,现存在多种优秀的 ML 算法。在实际应用过程中,需要结合具体的任务以及不同的应用场景选择恰当的 ML 算法。按照学习方法,ML 一般分为监督式学习、半监督式学习、非监督式学习、强化学习以及深度学习。第五步:模型评估。ML 模型建立后,需要选择合适的模型验证方法以及评价模型效果的指标,常用的模型评估和验证方法为交叉验证,常用的分类数据评价指标为准确度、AUC 值等。

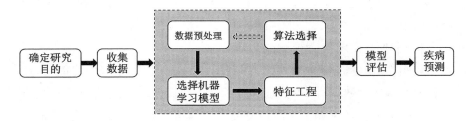

图 7 - 1　机器学习预测心脑血管疾病流程示意图

(二) 机器学习分类

1. 监督式学习

在监督式学习中,研究者使用存在一个明确的标识或结果的训练数据集来训练模型,在创建预测模型时,监督式学习创建一个学习过程,将预测结果与"训练数据"的实际结果进行比较,不断地调整、优化预测模型,直到预测模型输出的预测结果达到一个预期的准确率。监督式学习的常用算法有:朴素贝叶斯定理、最邻近算法(K - Nearest Neighbors,KNN)、随机森林(Random Forest,RF)、极端梯度提升(Extreme Gradient Boosting,XGBoost)、决策树(Decision Tree)、支持向量机(Support Vector Machine,SVM)、逻辑回归(Logistic Regression)和反向传递神经网络(Back Propagation,BP)等。

2. 半监督式学习

在半监督式学习中,研究者使用部分被标识与部分未被标识的输入数据集,模型首先须学习训练数据的内在结构以便合理地分配组织数据进行预测。半监督式学习的一般应用场景包括分类与回归,常用算法包括一些对经常使用监督式学习算法的延伸,首先尝试对未标识数据进行建模,在此基础上再对标识的数据进行预测,如图论推理算法(Graph Inference)、拉普拉斯支持向量机(Laplacian SVM)等。

3. 非监督学习

在非监督式学习中,研究者使用的训练数据集并不被特别标识,让算法学习模型自己去学习推断出数据的内在结构与规律。常用的非监督式学习算法有：均值聚类（K-mean clustering）、分层聚类（Hierarchical Clustering）、奇异值分解（Singular Value Decomposition）、主成分分析（Principal Component Analysis）等。

4. 强化学习

在强化学习模式下，输入数据作为对模型的反馈，不同于监督式学习中输入数据仅作为检查模型对错的模式，强化学习中的输入数据直接反馈到模型，模型针对反馈信息作出调整。常见的应用场景包括动态系统以及机器人控制等。目前的主流算法是 Q-Learning 以及时间差学习（Temporal difference learning）。

5. 深度学习

深度学习旨在学习样本数据集的内在规律和表示层次，通过学习获取到的数据信息对数据进行解释。深度学习的最终目的是让计算机能够像人脑一样具备数据分析、学习能力，进而对数据信息进行高效识别与处理。深度学习是一个复杂的 ML 算法，在语音和图像识别方面取得的成果远超于先前的相关技术。常用的深度学习算法有：卷积神经网络、自编码神经网络、深度置信网络（DBN）等。

（三）疾病预测模型研究案例

案例说明：从视网膜眼底图像中检测慢性肾病和 2 型糖尿病并预测其发病率，评估病情进展的 AI 深度学习模型。此研究旨在开发一种能够分析视网膜眼底图像或结合临床元数据（年龄、性别、身高、体重、体重指数和血压）识别慢性肾病（Chronic Kidney Disease，CKD）和 2 型糖尿病（T2DM）的 AI 系统。而传统医学仅利用肾小球滤过率（eGFR）与空腹血糖值（FBG）来实现对 CKD 与 T2DM 的预测。根据研究目的与设计思路，利用多中心进行数据采集（CC－FII），团队成员包括北京大学第一附属医院及第三附属医院、四川大学华西医院、中国科学院大学重庆仁济医院、江苏大学附属昆山医院、中山大学中山眼科中心及南方医科大学南方医院在内的七家医院。

1. 数据收集

数据收集分为两个阶段，阶段 1：横断面研究；阶段 2：纵向研究。

横断面研究纳入 43 156 名受试者,共采集到 86 312 张视网膜眼底照片,用作数据开发集,将数据划分为训练集(70%)、优化集(10%)和内部测试集(20%),用于开发预测 CKD 及 T2DM 的 AI 算法模型。纵向研究共纳入 10 269 名受试者,共采集到 20 538 张视网膜眼底照片,用于预测 CKD 以及 T2DM 的发病率。在数据采集过程中进行严格的数据质控,针对影像质量差及不可读、影像缺失的数据进行剔除、重摄等步骤处理。建立一致性标准与诊断后开发基于深度学习的图像分类算法。

2. 预测模型构建

本研究进行三种预测模型的构建。模型1:基于临床元数据的模型。基于年龄、性别、血压、高血压病、身高、体重、体重指数等临床数据开发随机森林算法以及逻辑回归分类器。模型2:基于眼底图像的模型。基于视网膜眼底照片进行深度卷积神经网络(CNN)分析。模型3:基于眼底图像数据和临床元数据,分析从 CNN 模型获得的图像特征与其临床元数据特征,将这些特征输入进行分类。

3. 数据的统计与分析

为了评估连续值预测的回归模型的性能,计算了平均绝对误差(Mean absolute error, MAE)、决定系数(R^2)和皮尔逊相关系数(Pearson correlation coefficient, PCC)。应用 Bland-Altman 来显示样本的肾小球滤过率(eGFR)测量值和预测值之间的差异,通过 95% 的符合率和组内相关系数(ICC),对预测的 eGFR 和实际的 eGFR 的一致性进行了评估。通过灵敏度与特异度的 ROC 曲线评价模型在二分类预测上的性能。用非参数 Bootstrap 方法(1 000 个随机重采样和替换样本)估计 AUC 的 95% 置信区间(CI)。用回归模型对 eGFR 和血糖水平的连续值进行预测。CKD 和 T2DM 的检测采用二元分类模型进行评估(图 7-2、7-3)。用 ICC 评估左眼和右眼 AI 预测值之间的一致性,其中慢性肾脏疾病(CKD)分期用预测的 eGFR 和 T2DM 的预测概率的对数似然比来衡量。针对不同的风险组构造 Kaplan-Meier 估计,组间差异的显著性采用对数秩检验,利用四年、五年的随时间变化的 AUC 值来衡量模型的性能。

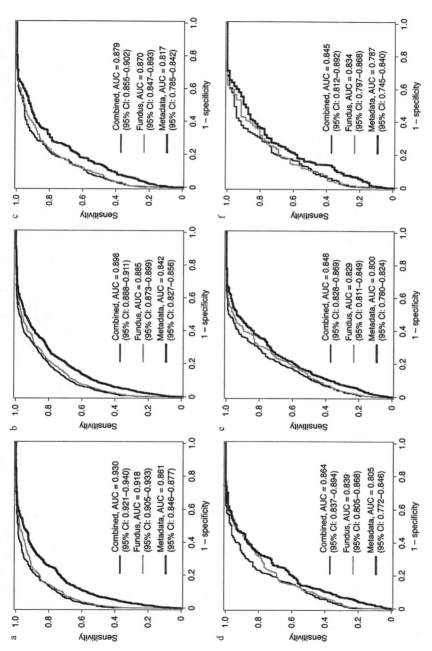

图 7 - 2 AI 预测 CKD 及早期 CKD 的性能

注：1. ROC 曲线分别代表基于元数据模型、基于眼底照片模型、基于结合模型。a - c，模型预测 CKD 的性能；d - f，模型预测早期 CKD 的性能。2. 引用自参考文献（K Zhang et al., 2021），版权经 Springer Nature 许可。

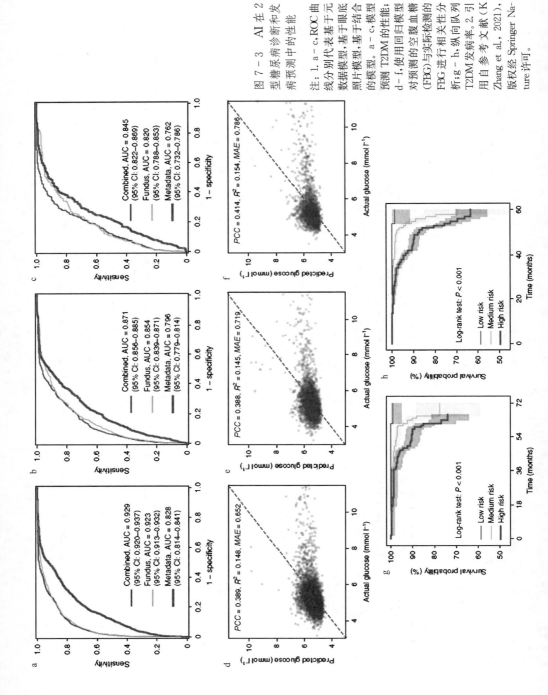

图 7 - 3　AI 在 2 型糖尿病诊断和发病预测中的性能

注：1. a－c，ROC 曲线分别代表基于元数据模型、基于眼底照片模型、基于结合的模型。a－c，模型的性能。d－f，使用回归模型对预测的空腹血糖 (FBG) 与实际检测的 FBG 进行相关性分析；g－h，纵向队列预测 T2DM 发病率。2. 引用自参考文献（K Zhang et al., 2021），版权经 Springer Nature 许可。

此研究通过利用人群的外部验证队列及使用智能手机获取的眼底图像的前瞻性研究,评估了用于识别 CKD 和 T2DM 的模型的性能,并在纵向队列中评估了预测疾病进展的可行性。研究结果表明,深度学习模型可以从眼底图像或结合临床元数据(年龄、性别、身高、体重、体重指数和血压)来识别 CKD 和 T2DM,AUC 面积为 0.85~0.93。模型通过 57 672 名患者的 115 344 张视网膜眼底照片进行了训练和验证,进而用于预测估计的 eGFR 和血糖水平。此外,该模型还可以根据疾病进展风险对患者进行分层。

五、心脑血管疾病与人工智能应用

近些年,互联网、大数据、AI 等前沿技术逐渐渗透心脑血管疾病学科的方方面面,推动了新时代、新医学的诞生与演变,同样也赋予了传统心脑血管学科新的理念、新的内涵、新的范围、新的诊疗手段与康复模式。这些无论是对心脑血管医生还是患者,都会给其带来深远的影响。随着科学技术的进步,国内外电子病历信息化急速发展,我国医疗信息化的步伐也不断加快,急需 AI 技术助力临床应用,缓解医疗资源缺乏和精准医疗需求等问题。AI 是计算机科学的一个分支,它企图了解智能的实质,通过数据计算、处理并生产出一种新的能以人类智能相似的方式做出反应的智能模拟机器,该领域的子领域包括医学机器人、语言识别、图像识别、自然语言处理和专家系统等。

医学机器人领域的 AI 机器人能通过大数据学习从而理解人类语言,并可以通过特定的传感器采集与分析出现的情景调整自己的动作与行为,从而实现特定的目的与要求,比如手术机器人。语言识别与 AI 机器人存在交叉融合,设计的应用是将语言与声音通过特定程序转换为可处理的数据信息,比如电子病历语音书写、语音邮件等。图像识别是利用计算机对采集到的图像信息进行个性化处理与分析,并实现数据存取,以识别各种不同模式的目标与对象的一种技术,比如人脸识别、生物实验室的面容锁以及车牌号识别等。专家系统指具备大量的领域专家水平的知识和处理经验的计算机智能程序系统,后台采用的大数据库、储存库类似于人脑,具备丰富的知识储存,利用数据库中存储的知识数据与知识推理技术模拟真实世界中的领域专家进行复杂问题的解决与处理。

（一）医学机器人领域

AI 具有可与人类堪比的学习和创新能力,其通过神经网络系统、软件算法等实现推理和决策能力,可应用于诸多临床情境中。医学影像资料的检查与心脑血管疾病的诊断关系密切,临床医生要解读大量病人的 CT、MRI 等光学影像资料,极大地考验了医生的智力和体力。如今阅片机器人的阅片结果已达到专业技术水准,且阅片速度更快。AI 可以应用图像识别技术以及海量经验数据技术,通过学习经验知识来辅助心脑血管专科医生进行辅助处理,进而提高医生的工作效率,并且可以减少一些疾病的误诊和漏诊。此外,AI 化的手术机器人可以协助外科医生完成高难度的脑神经外科手术。传统手术通常需要 4 个小时,而在机器人的辅助下,医生把 6 根电极以 1 毫米的精度植入患者大脑深处,手术全程只需要 2 个小时,且手术具备微创、高效、超精准、可视化等特点,实现了医患共赢。

像 AI 的学习能力可辅助心脑血管医生一样,AI 的学习能力也可辅助护理人员。将护理知识、护理案例以及护理经验集中汇总到 AI 系统中,就能建立病人的护理大数据。当病房收治新病人,输入新病人的病例特征后,AI 就可以快速地为护理人员推荐出最佳的护理方案。另外,新时代的护理模式要求逐渐实现精准护理,这给医护人员带来了更大的工作压力。将机器人应用到医院环境中,可以有效协助护理人员进行部分工作,将医护人员从繁重单一的工作中解放出来,以便更好地服务病人。比如,饮食护理机器人、药品传送机器人、病人搬运机器人等将越来越多地被应用到临床工作中。

（二）语言识别领域

随着 AI 技术的不断进步与发展,其与人类的生活也逐渐密不可分,智能语音技术正在改变着人们的生活。如今医院信息化建设不断完善,医生工作负荷也随之加重,医生需耗费大量的精力来书写病历。随着 AI 语音识别技术的发展,已实现语音录入替代键盘输入。

当前,语音识别技术已取得长足进步,AI 赋予机器识别与理解的能力,可将语音信号转变为相应的文本或命令,通过搭建的语音识别系统与语言识别引擎将医生的语音指令转换为准确度高、完全格式化的文件,自主进行核对编辑,语音识别技术的临床应用将大大节约临床医生的时间,缩短病人的无效等待时间,提高病人的问诊满意度(图7-4)。具备医疗语音识别功能的电子病历系统基本实现了医学知识库储备,可利用数据挖掘技术将关键性的医学数据提取出来,将数据填入病历模板,同时利用提前设计好的语音病历模板提高数据采集的规范性与准确性。在语音识别的基础上,引入临床智能决策支持技术,实现临床辅助决策,帮助医生减少可能存在的疏漏与错误。目前,语音识别技术在医学应用中还属于初级阶段,应用并不广泛。随着时间的推移,语音识别技术必将在医疗信息系统和电子病历系统中发挥不可或缺的作用。

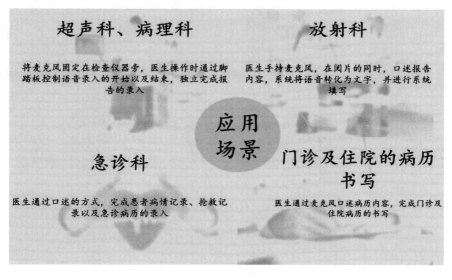

图7-4 语音识别与医学应用

(三)图像识别领域

传统影像学数据分析是依靠人类医生来完成的,而人工分析的缺点也很明显,一是不够精确,只能凭借经验去判断,医生有情绪曲线,更容易出现误判。二是影像数据数量庞大,人工分析很难高效率地完成数据解读。而 AI 在经过深度学习之后,其对医疗影像的判断速度和准确度都较医生更有优势。深度学习是 AI 的一项重要技术,它由多层深度神经网络组成。深度学习已经有效地应用于图像分类、图像分割以及其他图像处理方面。超声心动图是一种心脏学科中应用广泛的影像学方法,通过 AI 算法可自动分析获取到的图像数据集,针对图像内容对心脏解剖结构进行标识标注,自动对标准视图进行切片显示。通过与临床医生标记的数据比对发现,经过 AI 自动识别的标记的超声心动图识图准确率高达 92%。现代 AI 的超声心动图的自动化处理,已成为非心脏病医生紧急情况下使用的一线诊断工具,对培训年轻心脏超声医生有很大的帮助。在二维和三维超声影像中,AI 图像采集与图像重建、图像分割以及图像自动测量等都发挥了极大的作用。

AI 不仅在心脑血管影像学中起到加持的作用,在 3D 人脸图像处理预测机体疾病衰老等方面亦发挥着极大的作用。人的面容隐藏着诸多重要的身体信号,使用三维人脸图像能获取比二维照片更多的细节信息(图 7-5)。精准预测人的衰老程度,有助于分析与衰老相关的疾病发生风险,通过深度神经网络训练,利用三维人脸进行高精度年龄预测(精度达到平均绝对偏差小于三岁),进而判断个体衰老速率,结合临床指标,预测心脑血管事件的发病风险。

未来,经过深度学习的 AI 技术将更加深入地参与心脑血管疾病诊断的各环节,帮助医生分析处理海量的影像数据,预测疾病的发展趋势,制订个性化的最佳治疗方案。

（四）专家系统

医学专家系统是运用专家系统的设计原理,收集大量资料与数据形成大数据库,从而模拟医学专家的思维活动与推断过程,经过一定的计算与分析后,最终达到与医学专家同等的诊疗能力与水平。

MYCIN 是最早的医学专家系统,由斯坦福大学于 1976 年研制并开发,用于诊断感染类疾病。随着大数据、自然语言、深度学习等技术的不断发展,沃森肿瘤（WFO）医学专家系统崭露头角,它可以通过提供个性化的、优先级的治疗方案来辅助专科医生作出治疗决策。国内外多项研究对 WFO 专家系统的诊疗能力进行了评估,发现 WFO 专家系统提供的治疗建议与专科医生提出的建议高度一致,可实现在短时间内阅读并检索数据库,根据医生输入病例、病人自身属性制订相应的治疗方案。几乎

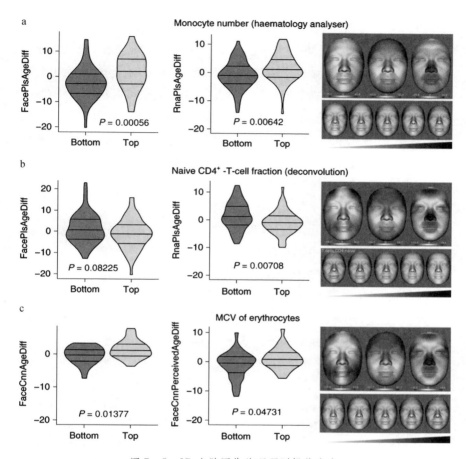

图 7-5　3D 人脸图像处理预测机体衰老

注：引用自参考文献（X Xia et al., 2020），版权经 Springer Nature 许可。

所有使用过 WFO 专家系统的医生都认为，WFO 专家系统将成为临床医生的得力助手，可以帮助医生更好地进行诊断与学习。但像 WFO 专家系统这样的 AI 专家系统缺乏感情交流，无法像医生一样进行情感沟通或交流，给出委婉解释和根据实际情况给出最佳治疗方案，因此 AI 专家系统并不能完全取代医生。

小结

AI 在医学领域尤其是心脑血管学科中具有良好的适用性和有效性，

数据处理分析方面,相较于传统统计学,AI 具有更强大的预测性能。实践研究发现,AI 可以辅助专科医生、医护人员更高效地工作,减轻工作压力;通过一系列的算法帮助医生作出更全面、更精准的决策,预测患者的预后,实现早期预警并提醒医生进行决策干预。相比其他领域,心脑血管疾病的预测与诊疗更依赖于多种模态的临床数据,基于大数据分析得出正确决策,AI 模型和软件在未来将会成为心脑血管医生的临床常规辅助工具。基于大数据的 AI 医疗,未来充满了无限的机遇与挑战。

思考与练习

1. AI 主要经历了几个发展阶段?

2. AI 在医学的应用领域有哪些?

3. AI 有哪几种分类,各有什么特点?

4. AI 的 ML 实现疾病预测有哪些步骤?

5. 心脑血管疾病的 AI 主要应用于哪几个领域?

6. AI 在心脑血管疾病领域的实现有哪些意义与价值?

参考文献

[1] A L Samuel. Some moral and technical consequences of automation-refutation. *Science*, 1960, 132(3429): 741 - 742.

[2] A S Sultan, M A Elgharib, T Tavares, et al. The use of artificial intelligence, machine learning and deep learning in oncologic histopathology. *J Oral Pathol Med*, 2020, 49(9): 849 - 856.

[3] C Krittanawong, H Zhang, Z Wang, et al. Artificial intelligence in precision cardiovascular medicine. *J Am Coll Cardiol*, 2017, 69(21): 2657 - 2664.

[4] D C Ciresan, U Meier, L M Gambardella, et al. Deep, big, simple neural nets for handwritten digit recognition. *Neural Comput*, 2010, 22(12): 3207 - 3220.

[5] D J Malenka, D L Bhatt, S M Bradley, et al. The national cardiovascular data registry data quality program 2020: JACC state-of-the-art review. *J Am Coll Cardiol*, 2022, 79: 1704 - 1712.

[6] D R Lawrence, C Palacios-Gonzalez, J Harris. Artificial intelligence. *Camb Q Healthc Ethics*, 2016, 25(2): 250 - 261.

[7] D T Toledano, M P Fernandez-Gallego, A Lozano-Diez. Multi-resolution speech

analysis for automatic speech recognition using deep neural networks: Experiments on TIMIT. *PLoS One*, 2018, 13(10): e0205355.

[8] F Kamran, S P Tang, E Otles, et al. Early identification of patients admitted to hospital for covid − 19 at risk of clinical deterioration: model development and multisite external validation study. *BMJ*, 2022, 376: e068576.

[9] G Chassagnon, M Vakalopoulou, N Paragios, et al. Artificial intelligence applications for thoracic imaging. *European Journal of Radiology*, 2020, 123.

[10] G H Tison, K C Siontis, S Abreau, et al. Assessment of disease status and treatment response with artificial intelligence-enhanced olectrocardiography in obstructive hypertrophic cardiomyopathy. *J Am Coll Cardiol*, 2022, 79: 1032 − 1034.

[11] G Li, S Liang, S Nie, et al. Deep neural network-based generalized sidelobe canceller for dual-channel far-field speech recognition. *Neural Netw*, 2021, 141: 225 − 237.

[12] G Litjens, T Kooi, B E Bejnordi, et al. A survey on deep learning in medical image analysis. *Med Image Anal*, 2017, 42(9): 60 − 88.

[13] J Wu, E Yilmaz, M Zhang, et al. Deep spiking neural networks for large vocabulary automatic speech recognition. *Front Neurosci*, 2020, 14: 199.

[14] K H Yu, A LBeam, I S Kohane. Artificial intelligence in healthcare. *Nat Biomed Eng*, 2018, 2(10): 719 − 731.

[15] K W Johnson, J Torres Soto, B S Glicksberg, et al. Artificial intelligence in cardiology. *J Am Coll Cardiol*, 2018, 71(23): 2668 − 2679.

[16] K Zhang, X Liu, J Xu, et al. Deep-learning models for the detection and incidence prediction of chronic kidney disease and type 2 diabetes from retinal fundus images. *Nat Biomed Eng*, 2021; 5(6): 533 − 545.

[17] L Istvan, C Czako, Á Élo, et al. Imaging retinal microvascular manifestations of carotid artery disease in older adults: from diagnosis of ocular complications to understanding microvascular contributions to cognitive impairment. *Geroscience*, 2021, 43(4): 1703 − 1723.

[18] M Minsky. Form and content in computer science. *J Acm*, 1970, 17(2): 197 − 215.

[19] N Wiener. Some moral and technical consequences of automation. *Science*, 1960, 131(3410): 1355 − 1358.

[20] N Zhou, C T Zhang, H Y Lv, et al. Concordance study between IBM watson for oncology and clinical practice for patients with cancer in China. *Oncologist*, 2019, 24(6): 812 − 819.

[21] P Hamet, J Tremblay. Artificial intelligence in medicine. *Metabolism*, 2017, 69S:

S36 – S40.

[22] P I Dorado-Diaz, J Sampedro-Gomez, V Vicente-Palacios, et al. Applications of artificial intelligence in cardiology. The future is already here. *Rev Esp Cardiol (Engl Ed)*, 2019, 72(12): 1065 – 1075.

[23] P Kohl, J Greiner, E A Rog-Zielinska. Electron microscopy of cardiac 3D nanodynamics: form, function, future.*Nat Rev Cardiol*, 2022, undefined: undefined.

[24] R C Deo. Machine Learning in Medicine. *Circulation*, 2015, 132(20): 1920 – 1930.

[25] R Kapoor, S P Walters, L A Al-Aswad. The current state of artificial intelligence in ophthalmology. *Surv Ophthalmol*, 2019, 64(2): 233 – 240.

[26] R Wang, W Pan, L Jin, et al. Artificial intelligence in reproductive medicine. *Reproduction*, 2019, 158(4): R139 – R154.

[27] S Ellahham. Artificial intelligence: the future for diabetes care. *Am J Med*, 2020, 133(8): 895 – 900.

[28] S Inspiration. Investigators, Atorvastatin versus placebo in patients with covid – 19 in intensive care: randomized controlled trial. *BMJ*, 2022, 376: e068407.

[29] S Park, Y Ock, H Kim, et al. Artificial intelligence-powered spatial analysis of tumor-infiltrating lymphocytes as complementary biomarker for immune checkpoint inhibition in Non-Small-Cell lung cancer. *J Clin Oncol*, 2022, undefined: JCO2102010.

[30] S Uddin, A Khan, M E Hossain, et al. Comparing different supervised machine learning algorithms for disease prediction. *BMC Med Inform Decis Mak*, 2019, 19(1): 281.

[31] X Xia, X Chen, G Wu, et al. Three-dimensional facial-image analysis to predict heterogeneity of the human ageing rate and the impact of lifestyle. *Nat Metab*, 2020; 2(9): 946 – 957.

[32] Y Mintz, R Brodie. Introduction to artificial intelligence in medicine. *Minim Invasive Ther Allied Technol*, 2019, 28(2): 73 – 81.

（本章作者：周永　陈学禹）

第八章　开创智慧医疗与心理健康新时代

本章学习目标

通过本章的学习,你应该能够:

1. 掌握精神疾病的概念、分类及不同的临床表现。

2. 了解改变传统精神疾病诊疗模式的必要性。

3. 了解新型精神卫生管理模式。

4. 了解人工智能应用于精神卫生领域的必要性。

古希腊时期,希波克拉底提出了精神病的四体液病理学说,认为人体中血液、黏液、黄胆汁、黑胆汁不平衡都会导致精神疾病。直到 19 世纪中期至 20 世纪初,随着弗洛伊德等精神病学家的出现,西方医学在精神病的分析和治疗方面才有了质的飞跃,开始通过精神分析进行心理治疗,辅以药物治疗。如今,AI 与精神疾病相结合的新型智慧医疗诊疗模式正在兴起,为那些被困在自己精神世界里的人们带来了新的希望。

一、引言

"可能从梦幻中醒来的部分,不是在脑海里,而是在心上"。奥斯卡获奖影片《美丽心灵》讲述了一位饱受精神分裂症困扰与折磨的天才数学家纳什,但他在妻子的关爱和鼓励下,凭借自身的坚强与毅力下,分清了幻想与现实,摆脱了精神疾病的控制,重新投入到生活与研究中,最终成为了诺贝尔奖获得者。这是一颗美丽的心灵,智慧与勇气战胜了痛苦和脆弱。可现实生活中,很多人一生都在与精神疾病斗争,可能得不到他人的理解,可能得不到及时有效的治疗与帮助,终其一生都将被精神疾病所困扰。

近年来,随着信息技术的飞速发展,更高效便捷的新型智慧医疗模式兴起,越来越多的科学家将目光聚焦到 AI 在精神卫生领域的应用。本章节主要介绍精神疾病的概念及临床表现、基于 AI 的新型智慧医疗的发展现状及发展过程中面临的困难与挑战,并简要概述 AI 在精神卫生领域的应用。

二、生物心理精神卫生

根据中国疾病预防控制中心精神卫生中心 2009 年的数据显示,中国各类精神疾病患者总人数已超过 1 亿人。各类精神疾病中精神分裂症是致精神残疾率最高的疾病,致残率达 82.40% ~ 93.64%。根据相关报道,精神疾病负担在我国疾病总负担中高居榜首,约占我国疾病总负担的20%,甚至更多。此外,我国各类精神疾病患者中至少有 5 600 万人从未接受过正规的医疗服务,而重性精神疾病患者中,仅有 1/4 接受过精神医疗服务。

随着社会卫生保健的改善和平均寿命的延长,我国诊断有精神疾病的人数将会不断增加,由此带来的家庭负担和社会负担也随之加重。与此同时,我国正处于经济快速转型期,学业竞争、就业压力、独生子女、人口老龄化等社会问题日渐突出,人们精神心理问题层出不穷。精神疾病给患者、家庭及社会带来了严重的负面影响,但由于其诊断的主观性,我国许多患有精神疾病的患者未得到长期有效地治疗,甚至从未接受过精神专科治疗。此外,精神类疾病病情往往具有长期性和反复性,带来难以承担的治疗费用,导致很多家庭,尤其是经济条件较差的家庭会选择放弃治疗。因此,目前亟须建立起以社区为基础,智慧疗效辅助诊疗的新型精神卫生管理模式,以期为精神疾病患者提供低廉、便捷、有效的治疗选择,减轻社会医疗负担。

（一）精神疾病的概念与症状

精神疾病是指在生物、心理、社会等多种因素作用下，导致大脑功能失调，出现不同程度认知、情感等障碍的疾病。其中，国家卫生和计划生育委员会明文规定的重性精神疾病有：精神分裂症、分裂情感性障碍、持久的妄想性障碍（偏执性精神病）、双相（情感）障碍、癫痫所致精神障碍、精神发育迟滞伴发精神障碍。此外，酒精等精神活性物质所致的精神障碍、强迫、焦虑等神经症性精神障碍也属于精神疾病的范畴。

（1）精神分裂症。精神分裂症是一种病因未明的疾病，主要症状为思维、情感障碍和精神活动不协调，一般不伴有认知和智能障碍。精神分裂症的发病高峰主要在青年时期，男女患病率无明显差异。精神分裂症的临床分型主要分为单纯型、青春型、紧张型、偏执型、未分化型、残留型和精神分离症后抑郁。其中以偏执型最常见，主要表现为相对稳定的妄想，常伴有幻听。精神分裂症的复发率很高，因此，早期有效的治疗尤为重要。（2）心境障碍。心境障碍是指由各种因素引起的显著而持久的情感改变，主要表现为情感持续的高涨或低落，可分为抑郁障碍和双相（情感）障碍。抑郁障碍即抑郁症，患者常表现出心境低落、快感缺失、认为自己无价值、悲观消极，甚至自伤自杀。近年来，因为抑郁症死亡的人越来越多，促使人们开始重视抑郁症，主动寻求医生的帮助和治疗。但是抑郁症患者由于初期症状不明显，多数患者并未意识到自己患有疾病，即使意识到了去寻求医师帮助，也没有立竿见影的特效治疗方法，往往需要数周药物治疗才能开始起效。此外，精神类药物常导致代谢紊乱、发胖等副作用，使得患者服药依从性差，治疗效果大打折扣。（3）强迫症。强迫症属于轻型精神疾病，主要表现在反复出现的强迫观念、强迫行为，患者自知这些强迫的观念及行为是不必要的，但是却又难以控制，因此会感到焦虑，甚至影响其正常生活，但患者的思维、认知、逻辑推理能力及其自知力都基本完好。

（二）精神医学的诊疗现状

尽管一个世纪以来，临床心理学和精神病学取得了长足的进步，但其诊断标准仍不明确，预后仍不清楚，而心理治疗或药物治疗的有效率往往只有 30%～50%。精神疾病多由精神专科医生根据病人及其家属叙述的主观症状和临床体征,试验性使用药物观察病情变化,来得出病人的长期诊断、预后和治疗方案,缺乏客观的实验室检查及影像学分析。这种全凭医生主观诊断的诊疗方式不易让患者及家属信服,延长了患者的痛苦,浪费了本可以用于更有针对性的目标的资源,且一旦误诊将错过患者康复可能性最大的病情早期。精神疾病存在高复发性,超过80%的精神疾病患者在5年内复发,40%~50%的首次发病患者在2年内复发,进一步加大了治疗的难度。

我国现有的注册精神专科医师仅4万余人,与国际标准相差甚远。我国精神疾病医疗服务能力严重不足,加之社会精神卫生知识缺乏,公众对精神疾病的知晓率低、识别率低、求治率低,造成精神疾病高复发率、高再住院率、高致残率,精神疾病患者难以重返社会,家庭和社会负担重。此外,精神专科医师的严重缺乏,造成地方精神卫生机构难以建立,患者只能前往综合性医院就诊,而综合医院医生缺乏精神专科知识,容易忽视精神方面的问题,甚至误诊为躯体疾病,延误患者最佳治疗时期。调查发现,精神疾病患者及其家属普遍存在着不同程度的病耻感,多数是由于社会对精神疾病的认识不足,患者因疾病所导致的行为、言语等不能为社会大众所接受,以及大众对精神疾病可能带来的潜在危险性如冲动、破坏等的惧怕,导致了一部分人对精神疾病患者存在着歧视与排斥。病耻感的存在常会对患者的自我认同产生影响,进而影响到他们的学业、工作及生活的方方面面,使患者不愿意向别人透露自己的病情,寻求有效地治疗,从而耽误病的情治疗及康复。而送至医院治疗的精神疾病患者中,有近半数的病人即使达到了出院条件也被家属以担心复发等各种理由拒绝出院,极大地占用了公共资源。

在我国,精神专科医院主要的住院病人仍是家属或警方送来的精神分裂症患者,而抑郁症、强迫症这些给患者社交、生活带来极大负担的精神疾病往往被忽略,其家庭成员通常也没有意识到存在精神疾病的可能,只以为是压力等原因导致的情绪问题,延误诊断治疗。2021年正是国家"脑科学计划"发展的关键之年,"脑科学计划"已作为重大科技项目被列入"十三五"规划,全国上下都在紧锣密鼓地推进。精神医学作为脑科学研究的重要组成部分,更需要与新兴的科技紧密结合,改变传统精神卫生诊疗模式的不足,改善社会心理卫生健康。

三、基于人工智能发展的智慧医疗

随着科技的飞速发展,将信息技术、AI 与医疗健康结合应用的智慧医疗应运而生。智慧医疗是指将先进的物联网、大数据技术深入应用到医药卫生领域,实现患者与医务工作者、医疗设备、医疗机构之间的紧密协作,完成传统医学向新型智慧医疗服务模式的转变。智慧医疗通过信息化的手段可实现远程医疗和自助医疗,有效降低医疗成本,提高医疗服务质量,缓解医疗资源紧张的问题;智慧医疗也可以通过线上医疗资源的共享交换,缓解医疗资源不平衡的问题。在"健康中国"的战略方针下,智慧医疗平台建设迅速,各地医院纷纷建立智慧医疗病房,智慧医疗必将是未来医疗领域发展的一个焦点产业。因此,加速开发智慧医疗技术,高效发展智慧医疗产业,满足多样化医疗需求,有效提高全民健康水平,是目前医疗行业前进的新的机遇与挑战。

（一）智慧医疗的概念

从狭义上讲,智慧医疗的概念就是临床辅助决策支持系统(Clinical Decision Support Systems, CDSS),根据输入主述、临床表现、实验室检查结果等输入的数据,给出多项可能的疾病诊断结果,并提出下一步路径如进一步化验或影像学检查的建议,以得到更为准确的诊断辅助。广义的智慧医疗指的是为患者提供更多更便捷的医疗服务,包括线上预约挂号、智能分诊等就医全过程,也包括患者就诊的电子病程全记录,以方便患者异地就诊及数据共享。

（二）我国智慧医疗建设现状

2009 年,IBM 公司提出了智慧医疗的理念,而后智慧医疗的市场需求和市场规模不断扩大。智慧医疗通过录入数字化的医疗信息将原本独立的医疗数据关联,并从中发掘有效信息,从而推动了个性化医疗的发展。目前国内智慧医疗发展大致趋势是从临床医疗信息化到区域信息化,进而实现全面医疗信息化。比如现在,众多医疗相关的 APP 兴起,患者可以通过 APP 进行预约、挂号、支付等各项功能,大大缓解了医院的就诊压力,节省了医生与患者的时间,满足了日益增长的社会医疗服务需求。智慧医疗可以提供个性化的医疗管理,能够依靠着医疗数据信息的分析共享为不同年龄、性别、身体状况的患者提供个性化的治疗方案,通过针对性的治疗提高康复的效率,并且通过"互联网-家庭医生"等模式长期跟踪患者健康情况,即使疾病康复后,仍可以继续追踪其身体情况,以预防疾病复发或者长期控制慢性病进展,改善预后。可以说,智慧医疗贯穿了从前期预约挂号到辅助治疗,再到后期跟踪健康指导的诊疗全过程。这些便民之举让患者享受到智慧医疗所带来的便利,实现了以疾病为中心向以病人为中心的转变。

(三)智慧医疗建设过程中的困难与挑战

在当今这个数据急速膨胀的时代,如何从海量的医疗数据中获取真正有价值的医疗信息,实现对患者的全方位、全周期的医疗健康指导、跟踪及管理,已成为当前亟待解决的问题。且许多医院和医务工作者医疗智慧化管理观念落后,"重临床轻管理,重效率轻质量",尤其是医疗资源相对落后的地区,对 AI、智慧医疗这类新兴事物的接受度和认可度不高,使得智慧医疗的推进普及遇到障碍。

此外,在大数据时代,保护患者隐私,尤其是医疗信息隐私是推进智慧医疗发展的难点也是重点问题。医疗数字化显然是解决国内乃至全世界范围内医疗资源不平衡、分配效率低的最好方法,但每件事都存在利弊两面,我们在享受互联网带来的巨大便利的同时,也必须关注医疗隐私泄露的风险。这些泄露的信息包括患者姓名、联系方式、家庭住址以及病例管理记录等。医疗信息的泄露不仅会给患者带来人身安全隐患,还会使医疗机构面临名誉受损、法律诉讼等问题,严重的甚至会产生较大的社会不良影响。这就要求建立规范的医疗信息数据共享制度保障,严格管控涉及患者隐私的医疗数据的存储及使用,并在规范化管理和制度保障的基础上进一步探索医疗数据的有效利用,实现传统医疗模式向智慧医疗模式的转变。

(四)智慧医疗的发展前景与方向

随着第五代移动通信技术(5G)的飞速发展,5G 信息技术的高传输速度能够有效地推动远程医疗的发展,将发达地区的优质医疗资源输送到发展相对落后的偏远地区,实现远程指导医学诊断、治疗、随访的可能。

此外,许多融合 5G 技术发展的新型医疗手段不断涌现,比如 5G+AI 远程诊断,专家通过 5G 网络远程指导结合 AI 辅助诊断,帮助医疗资源落后地区诊疗;北京积水潭医院的专家利用 5G 手术机器人远程给新疆等地的患者实行脊椎手术等。通过 AI、5G 等新技术,拉近了医患之间的距离,实现了远程医患沟通,让那些生活在三四线城市或者乡镇的人,减少了往返于大城市就医所花费的时间和金钱,降低了就医成本。

智慧医疗呈现出的高研发效率、低时间成本、技术精准化等优势和特点,在全球范围内引起了广泛的关注,未来,智慧医疗产业势必成为国际竞争的一个焦点。

四、智慧医疗在精神卫生领域中的应用

目前,已有专家提出"人工智能是产品,数据挖掘是基础"的概念,将计算系统生物学应用于临床疾病数学建模中,实现向数据驱动医疗模式的转型发展。通过数据文本的初步提炼,数据发掘,发现相关实验室指标,降维处理减少运算量后发现症状亚群,进一步降维,加深对症状关系的理解,进而发现关联指标,从而达到诊断、预后、治疗预测以及潜在生物标志物监测的目的。

在国家医疗创新相关战略和政策的推动下,精神卫生领域与 AI 相结合,进一步将科技成果应用于临床实践。AI 与精神医学相结合的应用可分为三大类: 第一类是从患者角度出发,即通过 AI 帮助使用者进行情绪调节。第二类是以精神专科医生的视角,利用 AI 对精神疾病的诊断、治疗和预后监测。第三类是站在科研的角度,运用 AI 处理大数据样本来并预测一些潜在的生物标志物,以期了解精神疾病发病机制等。

(一)人工智能在精神疾病诊断中的作用

1. 预测产后抑郁风险

机器学习是一种计算策略,通过研究计算机模拟或实现人类学习行为,它可以自动确定方法和参数,以取得问题的最佳解决方案。可以说,机器学习是 AI 的核心之一。机器学习的处理系统和算法正通过互联网渗透到我们的日常生活中,包括网络搜索和产品推荐、翻译服务、语音识别等。机器学习在临床诊断疾病方面的应用也被认为是优于传统方式

的。近年来,科学家们开始将目光投向机器学习与临床心理学和精神病学的结合,通过使用机器学习 AI 算法和现有的实验设计,处理多维相关数据,加强转化研究,将其有效地应用于临床。

我国每年出现产后抑郁症的患者约有 120 万人,严重地影响着产妇及新生儿的身心健康。已有机构针对那些想要了解自身情绪变化的孕妇开发了基于产后抑郁风险分层模型的 APP。除此之外,不少产后护理机构也开始将机器学习算法预测产后抑郁的方式整合到自己的服务体系中去,以及时准确地关注产妇心理健康。

2. 基于脑电生物信号的精神疾病风险预测

上海精神卫生中心已提出"基于脑电生物信号的个体化心理风险预测和优化管理体系建设"项目,以期构建一套基于精准风险预测、精准大数据分析、精准干预的我国重性精神病人群防治体系。通过收集近十年临床精神疾病高危人群队列生物学和行为学特征数据,将复杂的数据形态变量纳入精准诊断预测和精准干预的计算中,实时传入大数据后台进行分析,采集有价值的生物学标记指标,对个体进行风险预测,并预测可干预靶点。而后再根据得到的风险预测结果,结合大数据,针对检测者提出可能的精神疾病预测,制订出更有针对性的早期干预方案,延缓或阻止精神疾病的发生发展。

3. 精神疾病脑影像处理系统

精神疾病脑影像处理系统是通过基于网页的自动处理多模态 MRI 数据系统,简化数据分析流程,实现数据处理的自动化。计算机对输入的脑影像报告进行数据测量,并从健康脑区参数数据库中提取该年龄段的参考值范围与测量值进行比对,发现异常数值时自动生成诊断报告,以辅助精神疾病诊断的准确率,降低医生的工作强度。

(二)精神疾病治疗中应用人工智能的意义

1. 精准医学指导精神疾病诊疗

随着人类对生命科学的不断研究探索,科学家们发现不同的个体接受不同的药物及不同的治疗方法所产生的疗效可能是截然不同的,这主要是因为基因遗传的特异性,那么,对遗传学及基因进行研究,就有可能根据每个患者的遗传特征来采取不同的治疗方法,针对每个患者设计出最适合该患者的治疗方案,为此,精准医学应运而生。精准医学是指基于大样本数据研究获得疾病分子机制知识体系,依据分子组学数据及患者个体特征,通过现代遗传学、生物信息学、分子影像学、临床医学等知识来精准预防、诊断和治疗疾病,针对不同的患者确定最适合的治疗方案和药物用法用量,以期达到提高医疗有效性、减少副作用的目标。流行病学研究显示,精神疾病患者的子女患病风险明显增高,且精神疾病多数病因不明,诊断缺乏客观依据。因此,通过大数据样本将精准医学应用于临床精神疾病诊疗就显得尤为重要。

2. 人工智能治疗创伤后应激障碍

创伤后应激障碍(Post-Traumatic Stress Disorder,PTSD)是指个体在经历强烈精神创伤事件(如自然灾害、突发事件、意外事故等)后出现的精神疾病。半数以上的 PTSD 患者共患有抑郁症、焦虑症、酗酒、药物滥用或成瘾等,且他们的自杀率是正常人的 6 倍以上。

在战争多发的危险地区,士兵和难民是 PTSD 高发人群,但要想对这部分人群进行心理干预,心理工作者数量不足且人身安全得不到保障,所以科学家们将目光投向了 AI。美国南加州大学已推出了一款基于 AI 的心理治疗师系统,以拟人化的形象出现,通过分析受访士兵面部表情的细微变化、语音语调变化,结合问卷调查,来诊断 PTSD 并给出针对性的心理治疗方案。很多 PTSD 的患者将自己的内心封闭,面对精神专科医师时不愿袒露内心脆弱的一面,但是面对 AI 心理治疗,他们普遍比较放松,配合度也较高。除了战争之外,还有很多突发的自然灾害,每年数不清的严重车祸、火灾等意外事故也会导致 PTSD。在这样的背景下,通过 AI 技术监测高危人群的心理状况,及时进行线上心理干预,避免了 PTSD 的发生发展。

3. 基于人工智能的毒瘾评估与干预检测体系

众所周知,毒品是一种具有强烈成瘾性、被国家严令禁止的物质,毒品主要作用于人的中枢神经系统,升高多巴胺这种与兴奋和欢快相关的神经递质。多巴胺的升高能使人产生持续的欢欣感及兴奋感,当体内多巴胺频繁升高时,人体的负反馈系统就会自身调节,释放 γ-氨基丁酸,抑制神经递质,避免大脑受到过度刺激。而毒品的频繁、大量使用,会导致脑内多巴胺强制升高,破坏正常的大脑约束机制,升高愉悦感的阈值,最终产生对毒品的依赖感,也就是毒品成瘾。上海市精神卫生中心通过将虚拟现实(VR)和 AI 大数据等技术深入应用于物质成瘾领域,研发了一套涵盖毒品渴求诊断评估、认知功能综合干预、防复吸监控等多维度、全方位的新技术体系,即基于 AI 的毒瘾评估与干预检测系统。该系统涉及了从评估渴求、综合干预到防戒后复吸的戒毒全过程。采集心率、皮电、脑电等生理指标来评估毒瘾心理渴求,通过大数据分析需要戒毒的人员的毒品成瘾程度,进行科学的系统评估。最后根据评估结果制订个性化的毒瘾管理方案。戒毒成功后,可通过 APP 及移动设备对戒毒人员实时监测跟踪,若出现高危行为系统将自动反馈信息,实时管理监督防复吸,大大降低了吸毒人员戒毒后复吸的可能性。

4. APP/VR 儿童孤独症辅助康复系统

1943 年,儿童精神科医生 Kanner 首次提出了孤独症的概念,儿童孤独症指的是一种广泛性的精神发育障碍,患儿普遍存在着不同程度的感觉综合失调的症状,直接影响到患儿的语言、学习和交流能力。据统计,我国 0~6 岁的精神疾病致残儿童中,孤独症高居榜首。在传统治疗中,孤独症面临治疗成本高昂,家庭看护烦琐,医护人才稀缺,患儿生活、社交、学习技能训练困难等问题。患有孤独症的儿童难以融入社会,而别人也难以走进他们的内心深处。随着医学研究的发展,曾经被忽视和低估的孤独症也逐渐被大众所熟知和关注,如何对孤独症患儿进行有效地治疗成为了精神医疗领域的重点和难点。

如今,教育 APP 由于其良好的交互性和便捷性,能有效地将信息技术与教育融合,成为了当下热门的新型移动学习资源。其中,针对治疗孤独症而研发的孤独症儿童情绪识别 APP 可依据孤独症儿童情绪识别的不同认知特征构建模型。情绪识别包括快乐、伤心、惊讶、讨厌、生气、害怕这六种基本社交情绪,通过包括记忆、理解、应用、分析、创造、评价在内的六个层次,将认知行为过程与学习活动整合,收集分析患儿在不同情绪识别学习活动中的学习行为和结果,从而引导孤独症儿童融入社交情境,不断练习和反思,达到一定的辅助治疗效果。

上海市精神卫生中心也研发了 VR 儿童孤独谱系辅助康复系统,将临床精神医疗与先进的 VR 技术相结合。让患儿处在虚拟 VR 模拟出的学校等公共场所,通过沉浸式的训练,为孤独症患者提供了一种有效、可靠的治疗手段。VR 辅助的治疗方式与传统治疗手段相比有着明显的优势,VR 虚拟的场景丰富多彩,稳定安全,更容易让孤独症患儿接受,同时它也可以在家中使用,节约了医疗成本,对家长而言是一种安全、便捷的治疗方式。

（三）人工智能在精神疾病预后中的应用潜能

在当今这个充斥着高强度竞争的社会中,人们在家庭、工作、学习等压力下,常伴有疲劳、睡眠障碍、情绪低落等心理健康问题。其中,睡眠障碍已经成为很多人的一种常态。睡眠障碍主要是指睡眠的质量、时间、数量及节律发生紊乱,通常表现为失眠、入睡困难、夜惊等。在科技创新的大背景下,科学家们开始利用 AI 来改善人类睡眠。支持 AI 的睡眠追踪器可以监控睡眠行为,帮助人们改变他们不良的睡眠习惯,通过机器学习模型,为使用者的常见睡眠障碍提供预测性诊断。但也有专家提出质疑:"如今大多数人工智能算法睡眠技术领域的问题是算法中使用的模式存在缺陷,因为它们不能很好地描述睡眠。"目前的 AI 算法可能会脱离运动传感器,从而提供不准确的数据。因此,通过睡眠追踪技术以期改善人们睡眠还有很长的路要走。

如今的智能手机已不再仅仅是简单接听电话的工具了,多数智能手机都可以监测心率、体温等生理数据,根据手机加速度计数据反映使用者的运动细节,而运动情况又能反映使用者的精神状况,人们在情绪低落时往往待在家中,而人们躁狂发作时往往烦躁不安,不停走动。智能手机也能监测震颤等精神药物的副作用;通过跟踪短信及电话频率来发掘使用者的社会交往和心理变化;分析使用者的面部微妙变化、语音语调改变,监控是否按时服药以及睡眠状况。这些监测和分析有助于跟踪精神疾病患者出院后的精神状况及治疗预后,如逻辑错乱的语句可能提示精神分裂症的发作,记忆力下降可能是存在认知和心理问题的迹象。但是智能手机对使用者面部表情的分析、语音识别的监听让部分使用者感到隐私受到侵犯,从而对治疗产生抵触,这也是 AI 在发展过程中需要考虑的问题。

小结

随着物质条件的不断提高,越来越多的人开始注重精神世界的满足,但目前对精神疾病的重视和研究仍然十分有限。千百年来,科学家们始终围绕着神秘的精神世界进行不懈地探索与努力。而在大数据背景下产生的智慧医疗,给精神医疗指引了一个全新的研究方向,为饱受精神疾病困扰的患者们打开了一扇新的大门。因此,推动 AI 与精神卫生领域深度融合,加快传统医学模式向新型智慧医疗模式转变发展,必将是今后很长一段时间的研究热点及应用方向,也必将给饱受精神疾病折磨的患者带来福音。

思考与练习

1. 现阶段精神疾病诊疗存在哪些弊端?

2. 由传统医疗模式向新型智慧医疗模式转变的过程中有哪些困难和挑战?

3. 在大数据时代该如何防止医疗信息泄露?

4. 举例说明人工智能在精神医学领域的应用价值。

参考文献

[1] 黄悦勤.我国精神障碍流行病学研究现状.第六次全国流行病学大会暨第四届全国中青年流行病学工作者学术会议.

[2] 廖震华,丁丽君,温程.我国 60 年精神障碍流行病学调查研究现状.中国全科医学,2012,15(10):5.

[3] 马弘,刘津,何燕玲,等.中国精神卫生服务模式改革的重要方向:686 模式.中国心理卫生杂志,2011(10):12-15.

[4] 王永固,谢扬,殷文娟.基于 Pad 的教育 APP 教学设计模型构建与开发研究:以孤独症儿童情绪识别训练 APP 为例.中国电化教育,2017(6).

[5] 赵欣,张青,张继军,等.开创精神卫生智慧医疗与人工智能新时代.中国卫生资源,2019,129(5):27-30.

[6] 朱立雷,许建涛,王鹏颖.融合 5G 网络的智慧医疗应用.通信技术,2019,52(9):2184-2190.

[7] A D Redish, R Kazinka, A B Herman. Taking an engineer's view: Implications of network analysis for computational psychiatry. *Behav Brain Sci*, 2019. 42:e24.

[8] A M Y Tai, A Albuquerque, N E Carmona, et al., Machine learning and big data: Implications for disease modeling and therapeutic discovery in psychiatry. *Artif Intell*

Med, 2019, 99: 101704.

[9] A N Nielsen, D M Barchc, S E Petersen, et al. Machine Learning With Neuroimaging: Evaluating Its Applications in Psychiatry. *Biol Psychiatry Cogn Neurosci Neuroimaging*, 2020, 5(8): 791 – 798.

[10] C M Lewis, S P Hagenaars. Progressing Polygenic Medicine in Psychiatry Through Electronic Health Records. *JAMA Psychiatry*, 2019, 76: 470 – 472.

[11] D B Dwyer, P Falkai, N Koutsouleris. Machine Learning Approaches for Clinical Psychology and Psychiatry. *Annu Rev Clin Psychol*, 2018. 14: 91 – 118.

[12] E Schramm, D N Klein, M Elsaesser, et al. Review of dysthymia and persistent depressive disorder: history, correlates, and clinical implications. *Lancet Psychiatry*, 2020, 7(9): 801 – 812.

[13] G Dumas, T Gozé, J A Micoulaud-Franchi. "Social physiology" for psychiatric semiology: How TTOM can initiate an interactive turn for computational psychiatry? *Behav Brain Sci*, 2020, 43: e102.

[14] H B Turkozer, D Ongur. A projection for psychiatry in the post – COVID – 19 era: potential trends, challenges, and directions. *Mol Psychiatry*, 2020, 25 (10): 2214 – 2219.

[15] H Szechtman, B H Harvey, E Z Woody, et al. The psychopharmacology of obsessive-compulsive disorder: a preclinical roadmap. *Pharmacol Rev*, 2020, 72: 80 – 151.

[16] I Bighelli, A Rodolico, H García-Mieres, et al., Psychosocial and psychological interventions for relapse prevention in schizophrenia: a systematic review and network meta-analysis. *Lancet Psychiatry*, 2021, 8(11): 969 – 980.

[17] J Cook, L Hull, L Crane, et al., Camouflaging in autism: A systematic review. *Clin Psychol Rev*, 2021, 89: 102080.

[18] J F Liu, J X Li. Drug addiction: a curable mental disorder? *Acta Pharmacol Sin*, 2018, 39(12): 1823 – 1829.

[19] J J Luykx, C H Vinkers, J K Tijdink. Psychiatry in Times of the Coronavirus Disease 2019 (COVID – 19) Pandemic: An Imperative for Psychiatrists to Act Now. *JAMA Psychiatry*, 2020. 77(11): 1097 – 1098.

[20] M Bauer, S Monteith, J R Geddes, et al. Review automation to optimise physician treatment of individual patients: examples in psychiatry. *Lancet Psychiatry*, 2019, 6(4): 338 – 349.

[21] M Cearns, T Hahn, B T Baune. Recommendations and future directions for supervised machine learning in psychiatry. *Transl Psychiatry*, 2019, 9(1): 271.

[22] M M Weissman. Big Data Begin in Psychiatry. *JAMA Psychiatry*, 2020, 77(9): 967-973.

[23] M M Weissman, J Pathak, A Talati. Personal Life Events-A Promising Dimension for Psychiatry in Electronic Health Records. *JAMA Psychiatry*, 2020. 77(2): 115-116.

[24] M N Roth, F Barbara. 30-year journey from the start of the Human Genome Project to clinical application of genomics in psychiatry: are we there yet? *Lancet Psychiatry*, 2020, 7: 7-9.

[25] M P Paulus, W K Thompson. Computational approaches and machine learning for individual-level treatment predictions. *Psychopharmacology (Berl)*, 2021, 238(5): 1231-1239.

[26] P Fusar-Poli, Z Hijazi, D Stahl, et al. The science of prognosis in psychiatry: a review. *JAMA Psychiatry*, 2018, 75(12): 1289-1297.

[27] R B Rutledge, A M Chekroud, Q J Huys. Machine learning and big data in psychiatry: toward clinical applications. *Curr Opin Neurobiol*, 2019, 55: 152-159.

[28] R J Janssen, J Mourão-Miranda, H G Schnack. Making Individual Prognoses in Psychiatry Using Neuroimaging and Machine Learning. *Biol Psychiatry Cogn Neurosci Neuroimaging*, 2018, 3: 798-808.

[29] R M Lundin, D B Menkes. Realising the potential of digital psychiatry. *Lancet Psychiatry*, 2021. 8(8): 655.

[30] T L Psychiatry. Digital psychiatry: moving past potential. *Lancet Psychiatry*, 2021. 8(4): 259.

[31] T Probst, B Haid, W Schimböck, et al., Therapeutic interventions in in-person and remote psychotherapy: Survey with psychotherapists and patients experiencing in-person and remote psychotherapy during COVID-19. *Clin Psychol Psychother*, 2021. 28(4): 988-1000.

[32] Y Robert. COVID-19 and psychiatry: can electronic medical records provide the answers? *Lancet Psychiatry*, 2021, 8: 89-91.

[33] Y Zhan, J Wei, J Laing, et al. Diagnostic Classification for Human Autism and Obsessive-Compulsive Disorder Based on Machine Learning From a Primate Genetic Model. *Am J Psychiatry*, 2021, 178(1): 65-76.

（本章作者：邓嘉莉　陈怡晴）

第九章　人工智能 与生物标志物发掘策略

本章学习目标

通过本章的学习,你应该能够了解:

1. 掌握代谢组学研究的概念。
2. 掌握寻找疾病生物标志物的重要意义。
3. 生物标志物研究的整体思路。
4. 了解机器学习及其与传统统计方法的差异。
5. 了解集成机器学习算法的标志物系统研究方案。

　　21 世纪是人工智能时代,人工智能已经渗透到生活和生产的各个方面;21 世纪同时又是生物医药时代,随着高通量组学的迅速发展,人们从生物样本中读取数据的能力日益提升,这些数据为生物医学的发展提供了扎实的信息支撑,如临床标志物筛选、疾病分子机制探索等。然而,面对海量数据,以统计检验为代表的传统分析算法已不能满足实际需求。随着人工智能技术的飞速发展,各种智能算法不断涌现,为高通量数据处理、疾病生物标志物筛选提供了新的研究思路。

一、引言

精准医学(Precision Medicine),又称"精准医疗",是根据患者内在生物学信息、临床症状、体征等因素,对患者实施精确适宜的诊疗方法及量身定制的临床决策。从对"症"下药转为对"人"下药,贯穿于疾病预防、分析、诊断和治疗的各个阶段。国家卫生健康委发布的《"十四五"国家临床专科能力建设规划》,提出"坚持技术创新的发展思路,加强临床诊疗技术创新、应用研究和成果转化,特别是再生医学、精准医学、生物医学新技术等前沿热点领域的研究,争取在关键领域实现重大突破"。

精准医学的发展依赖于生物标志物如何更好地区分健康机体和异常机体,从而能更好地对疾病风险、预后或治疗反应进行分类。生物标志物是指可以标记生物体内的系统、器官、组织,乃至细胞及亚细胞结构或功能变化的生化指标,它能够为疾病诊断、评价新药或新疗法的安全性提供依据。结合人工智能的高通量代谢组学数据研究方法和模块,为生物标志物筛选奠定了基础,为精准医学提供了有力支撑。

二、生物标志物

(一)生物标志物的概念

"Biomarker"一词在应用于生物医学领域之前,多见于地质学文献,曾被翻译成"生物标志化合物",指的是地质材料中来自活的生物体的一些有机化合物。20世纪60年代,这个词开始出现在医学文献中,20世纪80年代,它被正式地引入到生物医学领域。在生物医学领域,人们对它的描述也不尽相同。2001年,美国国立卫生研究院(NIH)召集的生物标志物定义工作组给出了生物标志物的定义:一种可客观检测和评价的特性(characteristic),可作为正常生物学过程、病理过程或治疗干预药理学反应的指示因子。生物标志物定义的提出意味着人们对它的认识更加明确,同时也反映了人们对它的关注。

在疾病研究中,生物标志物主要为能够客观测定和评价的普通生理、病理或治疗过程中的某种特征性的生化指标。通过测定生物标志物的情况,可以获知机体当前所处的生物学过程。疾病特异性的生物标志物的检测,有助于疾病的鉴定、早期诊断及预防、治疗过程中的监控。通过衡量在不同生物学水平(分子、细胞、个体等)上生物标志物的异常化从而判断生物体是否受到影响,可以对严重毒性伤害提供早期警报。作为个体化医疗的"关键词"之一,探寻能够提供疾病进程信息的生物标志物逐渐成为当前医学领域的研究热点。伴随生物标志物概念的提出,生物芯片、新一代测序等高通量技术的快速发展,产生了海量的有关生物标志物的数据,大量的相关文献已被发表。伴随着生物标志物的发现、筛选、验证以及应用等环节,其商业市场总额以较高的复合年增长率增长。

　　总而言之,生物标志物可以指标记系统、器官、组织、细胞及亚细胞结构或功能的改变或可能发生的改变的生化指标,可用于疾病诊断、判断疾病分期、评价新药或者用来验证疗法在目标人群中的安全性及有效性(图9-1)。生物标志物是不确定的,可以是细胞分子结构和功能的变化,或是某一生理活动及其活性物质的异常表现,或是某一生化代谢过程的变化或生成异常的代谢产物或其含量,或是个体表现出的异常现象,或是种群或群落的异常变化乃至生态系统的异常变化。

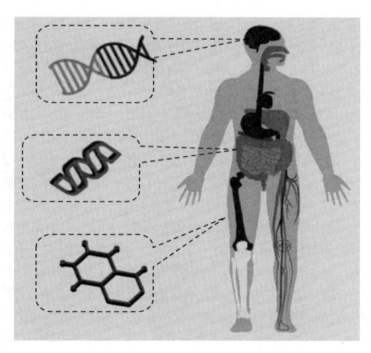

图9-1　常见的生物标志物

（二）生物标志物的分类

1. 筛选生物标志物的标准

从生物标志物的定义可以看出，生物标志物涵盖的范围广泛，而且，随着检测技术的进步，更多特异性的检出结果可被视为生物标志物。为了更好地发挥生物标志物检测疾病的功能，人们常用以下标准筛选生物标志物：必须具有一定的特异性；必须具有足够的灵敏度；必须具有较好的重复性（个体差异可接受）；必须具有足够的稳定性；对受试者无损伤或可接受程度的轻微损伤。

2. 生物标志物的分类

根据生物标志物的潜在用途，可将其分为四类：（1）用于疾病诊断的生物标志物，包括疾病早期诊断或预后标志物。这类标志物目前应用最广、影响最大，人们也最为熟悉。例如，常规体检检测的血压、血糖以及其他一些检测指标。它反映了疾病的存在与否，有时也反映疾病的进程。随着技术的进展，这类标志物不再单单是一些生化指标。一些遗传学指标也被视为这类生物标志物。（2）用于检测疾病活动的生物标志物。这类标志物被用来评估疾病的严重程度或评估疗效，有时也被用来检测药物的毒副作用，C 反应蛋白（C-Reaction Protein，CRP）是这类标志物的一个代表，它能极好地反映类风湿关节炎的病程以及干扰素对该病的疗效。有些生物标志物身兼多职，也具有诊断的功能，比如上述的血压血糖指标。（3）反映药物作用效果的生物标志物。这类标志物在医药工业界最受重视，与第二类标志物也有交集。它们直接反映了药物与靶标（受体或酶）的结合情况以及药理学效果。例如，一些影像结果可以作为药物作用的标志物。对神经退行性疾病患者脑部进行 D2 受体造影，可以证明相关药物的效果；对 2 型糖尿病患者的血糖漂移进行测定，可以证实 DPP4 抑制剂型药物西格列汀（sitagliptin）的疗效。这类标志物在新药申请时可以作为直接的证据证明药物的作用机制及效果，可以显著缩短申请周期。（4）与药代动力学有关的生物标志物。药物的转运与代谢涉及药物的疗效，也涉及药物的毒副作用。不同个体转运或代谢过程的效率可能有差异，这与遗传有关。因此，有时需要参考分子遗传学层面的生物标志物，合理地选择药物或决定药物剂量。这在某些抗癌药的使用方面需要特别注意。例如,抗癌药物抗癌妥(Irinotecan)由胆红素尿苷二磷酸葡萄糖醛酸酶(UDP-glucuronosyltransferase, UGT1A1)催化后,经胆汁和尿液排出体外。但 UGT1A1 * 28 基因型的患者使用该药时需要谨慎。因为,UGT1A1 * 28 等位基因与药物代谢有关。再如,使用免疫抑制药物硫唑嘌呤(Azathioprine)时需要检查 TPMP 基因位点以减少药物毒副作用的影响。

如果从生物标志物的自然属性的角度出发,可将其分为核酸(DNA,RNA)类、蛋白类、糖及其衍生物类等不同类型(图 9-2)。(1)核酸类生物标志物。近十几年,对核酸类生物标志物的研究进展非常快,这得益于核酸测序等技术的飞速发展。DNA 类型的生物标志物常发生以下变化:单核苷酸多态性变化(SNPs)、插入/缺失(InDels)、拷贝数变异(CNVs)和甲基化等修饰,或细胞遗传学水平的染色体插入、缺失、重排或重复等。RNA 类型的标志物则包含

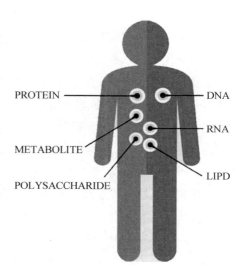

图 9-2　生物标志物分类

RNA 表达水平、序列或非编码 RNA(microRNA、lncRNA)等。(2)蛋白类的生物标志物。人们对该类生物标志物认识和利用的时间较长。前面已经提到,常规体检用到的一些蛋白指标(酶类),均属于这类标志物。用于检测这些标志物的样品如血液、唾液易于获得,检测程序也不烦琐,因此,它们在临床上得到了广泛应用。近年来,蛋白质组学(Proteomic)的发展也促进了对这类标志物的研究。(3)糖组(Glycome)生物标志物。类似于基因组或蛋白质组,糖组包括简单的糖类和缀合的糖类,是生物体内或细胞内全部糖类的集合。糖蛋白和糖脂等中的糖链部分可以为我们提供庞大的信息,通过筛选,可以提取出与疾病相关的生物标志物,比如某些多聚糖可作为乳腺癌的生物标志物。(4)代谢组生物标志物。除以

上类型外,一些代谢组学(Metabolomics)的研究结果也被用于生物标志物的研发中。代谢组(Metabolome)是指生物体内源性代谢物质的动态整体。理论上代谢物包括核酸、蛋白质、脂类生物大分子以及其他小分子代谢物质,但目前只涉及相对分子质量约小于 1 000 的小分子代谢物质。代谢物(Metabolite)的数与量的变化可作为某些疾病的指征。

（三）生物标志物的研究技术与策略

发现一种有效的疾病生物标志物,其社会意义和经济价值有时不亚于研发出一种新药。生物标志物的应用使分层医学(Stratified Medicine)和个性化医疗成为可能。这些新的医疗模式缩短了新药的申报周期,节省了药物的研发费用,在治疗上更具有针对性,同时也为患者省去了不必要的开支。基于生物标志物检测的靶向疗法为肿瘤和一些遗传性疾病的治疗带来了希望。医药学界和不少药物研发机构投入了巨资来研发新型生物标志物。

1. 生物标志物的研究技术

生物标志物的覆盖范围如此之广,针对不同种类的生物标志物,其研究技术也是多种多样的。比如,几乎所有可用于研究核酸、蛋白质、糖类等生物大分子的技术都能用于生物标志物的研究。对于核酸类的标志物,比如SNPs、CNVs、microRNAs 和 lncRNAs 等,可用测序或基因芯片等技术检测;对于蛋白、多肽类生物标志物,可以采用的技术有质谱(Mass Spectrometry,MS)、高效液相色谱(High Performance Liquid Chromatography, HPLC)、气质联用（Gas Chromatiography-Mass Spectrometry, GC－MS）、液质联用(Liquid Chromatography-Mass Spectrometry, LC－MS)、电泳质谱联用(Electrophoresis-Mass Spectrometry, CE－MS)、双向电泳(Two-Dimensional Gel Electrophoresis, 2DGE)以及蛋白芯片等(图 9－3);对于代谢组和糖组类生物标志物,也可采用上述的一些技术。

2. 生物标志物的研究策略

生物标志物的研究策略,总体上可分为两类:基于假设或某个理论的策略(功能候选策略)和不基于假设而基于数据的策略(组学策略)。前者基于已知的病理生理学过程或已知功能的关键分子,评估功能可能与之相关的候选基因及其产物在疾病(变异)样本和正常样本中的差

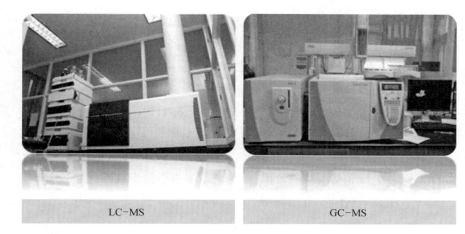

LC-MS GC-MS

图9-3 蛋白、多肽类生物标志物的常用研究技术

异,有时还检测变异与疾病严重程度的相关性。这一策略假设了功能相关的分子,并将其作为候选对象进行考察、验证,但只能在较小范围内发现标志物。组学策略不从特定基因或功能入手,而通过分析不同状态的生物样品产生的大量数据,发现某一模式后再将它与功能途径联系起来。组学策略可在大范围内发现标志物,是近几年研究的热点之一。

（四）高通量组学技术在生物标志物研究中的应用

结合生物芯片、新一代测序等的高通量技术快速发展和成熟,极大地助推了生物标志物的研究。这些技术不但可以发现某一基因或其表达产物的变异,还可以在整体层面上提示基因间的相互作用、基因间的功能关系。许多与遗传有关的人类复杂疾病的发病涉及了不止一个基因功能网络。如果每个网络由各自的生物标志物代表,那么,这些标志物的组合（biomarker panel）则可以更加客观地反映出复杂疾病的状态。组合式的生物标志物兼顾了检测的敏感性和特异性,在检验结果的重复性方面也更胜一筹。转录组学、蛋白组学、代谢组学等组学技术的发展带动了对这一类型标志物的研发。但与巨额投入相对应的一个事实是,目前真正可用于疾病诊断的敏感而特异的单个的生物标志物仍然不多。组合式的生物标志物提高了敏感性和特异性,但有时检测结果在不同人群中的重复性不理想。原因除了检测技术的差异和数据处理方式的不同外,还在于病人遗传背景的不同。有些疾病,不同个体之间的生物标志物基础值差别较大,在检测结果为阳性还是阴性的判断上出现了问题。如何在海量的数据中挖掘出有意义的信息并用于生物标志物的研发,如何才能更准确地推出有临床意义、经得起临床验证的生物标志物,确实是相关研究面临的一大挑战。但有理由相信,随着检测技术的进步以及更理想的统计分析方法或算法的推出,配合使用更大容量、更全面的病例样本,会不断加深人们对生命活动细节的认识,使越来越多理想的生物标志物被发现,并进一步在临床实践中得到应用。

三、代谢组学研究策略

代谢物作为存在于信号通路的终端产物,可以反映机体当下的生理状态。代谢组学是系统生物学领域中继基因组学、蛋白质组学之后新近发展起来的研究方向,是同时采用定性、定量手段分析某一生物体或生物系统在特定的生理时期内所有低分子量代谢物的一门学科;是研究在新陈代谢的动态过程中,生物体内代谢物的变化规律,揭示机体生命活动代谢本质的科学。代谢组学关注生物体系所有代谢物的变化,并通过分析体液代谢物的组成来确定生物体系的系统生化谱和功能调控规律,如生物体液的代谢物分析可以反映机体系统的生理和病理状态。代谢组学主要的研究对象是针对分子量小于 1 000 的内源性小分子,代谢物的种类远小于基因和蛋白质的数量。

(一)肿瘤的分型与代谢标志物

与其他组学相比,代谢组学由于具有与表型更为接近的特点,更适用于疾病分型和标志物发现的研究。2009 年,美国密歇根大学霍华休斯医学院的研究者基于 GC - MS 代谢组学研究平台找到了前列腺癌生物标志物——肌氨酸,并进一步发现它在癌细胞转移中可能扮演了重要的角色。与传统诊断方法相比,一个被称为"代谢组学"的代谢动态图像被用来识别区分胰腺癌和慢性胰腺炎的新的血液代谢物生物标志物,其具有较高的灵敏度且适用于疾病的更早期阶段。异常的基因不一定产生功能异常的蛋白质;类似地,异常蛋白质不一定会对代谢物造成不利的影响。诱因和这些异常的蛋白质或代谢物的相关程度决定了由诱因预测疾病发生的准确性。对代谢组进行全面的测定,不仅可以用于疾病的诊断,而且还可以对疾病从发病到加重的全过程进行监测,分辨出疾病的严重程度,进行及时的预防和治疗。

（二）心血管疾病的分型与代谢标志物

代谢组学基于机体代谢物的高通量检测结果,通过多元统计学分析,筛选出差异显著的代谢标志物,能够从整体上深度透析疾病的病理学机理,进而为疾病的预防及治疗提供科学依据。由于生命代谢是一个永不停息的过程,任何疾病的发生和发展都会影响人体的代谢,从而导致体液中代谢物质发生显著变化。通过比较机体生理与疾病状态,同一疾病的不同分型、分期的代谢物差异,便能筛选发现与疾病诊断和分型相关的一组生物标志物,用于疾病的诊断与分型。作为心血管疾病的一种,冠心病是严重危害人们生命与健康的常见疾病,虽然目前通用的数字减影血管造影法确诊率高,但创伤大、花费高、副作用多、操作烦琐。临床急需创伤小、低成本及简便易行的冠心病早期诊断技术。代谢组学方法可通过标准制备的血清、血浆、尿液等生物样本实现高通量小分子物质的检测,这些小分子中许多已经被认为是疾病的危险因子。美国克利夫兰医院和加州大学洛杉矶分校的学者在筛查人血浆中小分子代谢产物时发现,肠道细菌降解卵磷脂后所生成的"副产品"可预测哪些人未来可能发生心脏病。进一步的动物试验显示,肠道微生物在饮食中的脂质转化为三甲胺 N－氧化物（Trimetlylamine N-Oxide）的过程中起重要作用,而氧化三甲胺（TMAO）可促使导致心血管疾病的动脉斑块的形成。上述研究表明,肠道共生菌也可导致或加重包括肥胖、免疫异常等在内的疾病状况,而以 TMAO 为靶点的药物或可预防动脉粥样硬化和心脏病。在找到关键的生物标志物后,利用基因组学、蛋白质组学、肽组学、代谢组学等在内的多组学平台,以及生物信息学技术,可以通过多组学联合分析来解释和阐述疾病的病理机制（图 9－4）。

（三）广泛靶向代谢组

随着生活水平的提高,高脂肪、高蛋白质饮食、缺乏运动以及一些不健康的生活习惯,导致由肥胖、高血压、高血糖等高危因素组成的"代谢综

Discovery-to-Validation

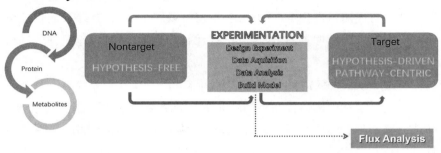

图 9 - 4　多组学研究

合征"威胁着现代人的健康,除了肿瘤和心血管疾病,利用代谢组学的技术手段也可为这些疾病的发病机制、诊断及药物疗效提供新的线索。"广泛靶向代谢组"是一种全新的代谢物定性、定量检测技术,它结合了非靶向、靶向的优点,将高通量、高灵敏度和定量的优点集合于一起,特别适合检测中、低丰度代谢产物,是发现新代谢生物标志物的有效方法,其具有高通量(一次可检测>1 000 种代谢物)、高灵敏(能检测低丰度代谢物)、广覆盖(可覆盖超过 20 条代谢通路)、定性定量准(拥有近千种标准品库)等特点。检测的代谢物包括氨基酸及其衍生物、糖、核苷酸及其衍生物、维生素、脂质等。

随着技术的发展,人们可以通过基因测序找出疾病的控制基因,通过蛋白测序找寻基因调节的下游信号通路,最后通过代谢组学研究分析基因表达调控的最终结果;也可利用基因组、转录组、蛋白组和代谢组多种组学技术进行联合分析,可对疾病的发生机制有更全面的认识,进而对疾病的诊断、监测和治疗寻找新的切入点。

四、高通量代谢组学中的数据处理

生物体内的代谢物变化复杂,其产生的代谢组学数据呈现出高维度、小样本、多干扰等特点,常规分析方法存在着诸多风险。因而,如何正确分析代谢组学数据、从代谢组学数据中提取有价值的重要信息、筛选潜在的生物标志物是代谢组学数据分析处理中亟须解决的关键问题。

（一）数据预处理

以 LC－MS 检测技术为例,其作为一种高灵敏度、高分辨率、高通量的代谢组学检测技术,其检测结果会受到仪器精度、pH 值、样本前处理、运行温度等多种因素影响,使测量产生的原始谱图存在噪声数据、奇异数据、缺失数据等问题,进而对数据统计结果产生影响,因此数据分析前需要进行预处理操作。全面的数据预处理可以有效减少上述影响因素对建立多变量模型和筛选生物标志物的干扰,尽可能保证分析结果的准确性。色谱-质谱平台输出质谱代谢组学的原始数据,该类数据存在数据杂乱、不匹配等特征,导致模型代谢特征无法直接反应的问题,即需要对原始数据依次进行峰识别、峰对齐、峰校正和保留时间校正等处理,再进行数据预处理操作。目前,数据预处理多进行数据清理、数据转换等操作以保证数据的可信性及一致性。其中,数据清理包括缺失数据处理和噪声数据处理。缺失数据处理可以采用均值、中位数、最近邻法、有序最近邻法、多重插补法等方法进行补充;噪声数据处理,也就是数据平滑处理,主要采用分箱处理、聚类技术、回归技术等,或将噪声点视为缺失值进行填补。在此基础上,进一步将数据进行标准化/归一化处理,如采用零均值标准化(z-score 标准化)、极差标准化(min-max 标准化)等方法,以去除多维数据单位限制,转化为无量纲纯数值,以使不同维度数据具有可比性,便于后续进行统计分析。

（二）异常数据处理

由于样本本身原因,代谢组学实验数据,比如个别代谢组分在正常生理条件下或不同的个体之间本身具有较大的差异,可能导致难以正确分类样本。因此,需提前将异常样本从数据集中剔除。在数据分析理论中,少量数据对象的行为特征与数据集的一般行为特征不一致,这些异常数据被称为离群点或异常点。数据缺失是一类典型的异常点。造成数据缺失的原因主要是某些代谢物可能仅存在于个别样本,而在其他样本中不存在,或者其他样本中该代谢物浓度低于仪器测量设定的检出限以及代谢物数据与正确的质谱峰不匹配,导致其在质谱中未被检出。由于数据缺失会显著影响数据分析结果,因此,数据分析前需填补缺失数据。数据填补完成后再进行数据标准化处理,把各变量按比例缩放,置于一个特定的区间,进而允许算法对不同单位或量级的变量进行比较、加权等处理。由于代谢组学数据丰度差异显著,采用标准化方法消除由此带来的偏差可使数据具备可比性。完成数据填充及标准化后,每个变量均处于同一区间,适合进行综合分析比较。

在完成上述处理后,如何运用统计分析方法从代谢组学数据中提取关键信息以了解机体、器官和细胞代谢过程的变化是一个关键问题。代谢组学数据包含多个变量,是大量个体多种不同代谢物的观察、实验结果。单个变量即为所有变量组成的多维空间的一个维度。与其他组学数据集相似,代谢组学数据集中单个样本中包含的变量数多于数据集中的样本数。在典型组学实验中,可测变量有数百到数万个,但通常样本数量很少。因此,为实现有效统计分析进而获得数据相关特征,降低变量维度非常重要。

（三）多变量统计分析方法

质谱代谢组学数据具有显著的高维度特征,需采用多变量统计分析方法以揭示变量间复杂的相互作用关系。因此,多变量统计分析在代谢组学数据分析中起着重要作用。其通用的方法可分为两类:非机器学习算法和机器学习算法。非机器学习算法是相对于现今较为热门的机器学习算法而言,是在机器学习算法普遍使用之前常用的传统算法,统称为非机器学习算法。非机器学习算法较机器学习算法相比,智能性差,学习表达复杂的非线性关系时较为困难。

1. 代谢组学数据机器学习统计分析方法

机器学习(ML)是指通过计算机学习数据中的内在规律性信息,获得新的经验和知识,以提高计算机的智能性,使计算机可以像人一样去决策,是实现人工智能的一种方法。1997 年 Tom M.Mitchell 在 *Machine Learning* 一书中给出了机器学习的经典定义:"计算机利用经验改善系统自身性能的行为。"与许多新兴学科一样,机器学习是多学科交叉的产物,它吸取和利用了人工智能、概率统计、神经生物学、认知科学、计算复杂性理论、控制论、信息论、哲学等学科的研究成果。实践证明,机器学习在许多复杂的应用领域都具有重要的实用价值,特别是在数据挖掘、图像识别、语音识别、医疗诊断、生物信息学、机器人、车辆自动驾驶、信息安全、遥感信息处理、计算金融学、工业过程控制等领域均取得了显著的成果。机器学习方法可以概括为在某种网络结构基础上,构建数学模型,并选择相应的学习方式和训练方法,学习输入数据的数据结构和内在模式,调整网络参数,通过数学工具求解模型最优的预测反馈,提高泛化能力并防止过度拟合(图9-5)。

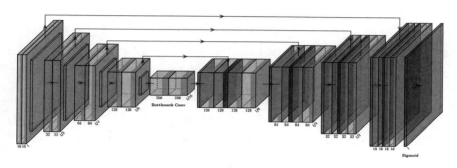

图9-5　机器学习网络示意图

机器学习算法有两种常用类型:一种是无监督学习方法,该方法是在不设定样本标签的情况下对训练样本进行学习,如主成分分析(Principal Component Analysis, PCA)、非线性映射(Nonlinear Mapping, NLM)、奇异值分解、深度信念网络、聚类方法、潜在狄利克雷分配等;另一种是有监督学习方法,该方法是在设定样本标签的情况下对训练样本进行学习,如偏最小二乘判别分析法(Partial Least Squares-Discriiminate Analysis, PLS-DA)、Fisher判别、正交偏最小二乘判别分析(Orthogonal Partial Least Squares - Discriiminate Analysis, OPLS - DA)、支持向量机方法(SVM)、随机森林算法(RF)、人工神经网络(ANN)、决策树算法等。

PCA是目前代谢组学领域中常用的多变量统计分析方法之一。其由皮尔逊(Pearson)于1901年引入,后来被霍特林(Hotelling)于1933年加以完善优化。PCA作为一种使用广泛的数据降维算法,是将多个变量转化为少数几个主成分(综合变量)的多元统计分析方法。这些主成分能够反映原始变量的大部分信息,这些信息通常表示为原始变量的某种线性组合。为了使这些主成分中包含的信息相互不重叠,要求各主成分之间彼此不相关。主成分分析的目的是变量降维和在主成分有意义的情况下对主成分的解释。PCA是统计学意义上的线性变换,将线性相关的原随机向量转换成线性不相关的新随机向量,即将原随机向量的协方差矩阵变换为对角矩阵,在几何上,这种变换是把数据原坐标系变换到一个新坐标系中,使之指向样本点散布最开的 p 个正交方向,然后对多维变量进行降维处理,使之能以一个较高的精度转换为低维变量系统。

有监督学习方法中,偏最小二乘判别分析是一种用于判别分析的多变量统计分析方法,已广泛应用于代谢组学研究。其原理是分别训练不同样本的特性,生成训练集,并测验训练集的可信度,其可以同时实现多元线性回归、主成分分析。

接下来将分别介绍两种经典有监督学习方法。

第一种,支持向量机算法。支持向量机(SVM)是机器学习领域的经典算法,已在多个领域得到广泛应用。SVM是一种通用的前馈网络类型,最早是由 Vladimir N.Vapnik 和 Alexey Ya.Chervonenkis 在 1963 年提出,目前的版本(soft margin)是 Corinna Cortes 和 Vapnik 在 1993 年提出,并于 1995 年发表的。SVM 在小样本、非线性、高维模式识别中表现较好。SVM 既能使经验误差达到最小,还能最大化几何边缘区,并可有效区分不同类别。支持向量机的基本原理为:首先,在线性可分的情况下,在原空间中寻找两类样本的最优超平面;在线性不可分的情况下,增加松弛变量进行分析。然后,通过使用非线性映射把低维输入空间的样本映射到高维属性空间使其变成线性可分的状态,从而使在高维属性空间采用线性算法对样本的非线性进行分析成为可能,并在该特征空间中找到最优分类超平面。该算法在属性空间中构建最优分类超平面时利用了结构风险最小化原理,使分类器取得了全局最优,并在整个样本空间中的期望风险根据某个概率满足一定上界。SVM 的优点是基于统计学理论的结构风险最小化原则和 Vapnik-Chervonenkis 维数理论,具有良好的泛化能力,即从有限训练样本获取的小误差可以使独立测试集仍能够保持较小误差;SVM 求解的是凸优化问题,因此局部最优解必定是全局最优解;核函数是将非线性问题转化成了线性问题的求解;分类间隔最大化可使 SVM 具有良好鲁棒性。因此,SVM 能解决较多模式识别和回归估计的难题。在二维空间,线性可分解释为两类样本可以用一条直线(一个函数)

隔开,被隔开的两类样本即为线性可分样本;在高维空间,"线性可分"解释为两类样本可以被一个曲面(高维函数)隔开。线性不可分,则解释为自变量和因变量之间的关系是非线性的。事实上,线性不可分的情况占多数,同理非线性样本通常也是利用核函数将其映射到高维空间,非线性问题在高维空间中被转化为"线性可分"的问题。"线性可分"情况下,SVM 为执行二分类任务需要在多维空间中构造一个超平面以区分具有最大域度的两个类别,其关键是寻找一个最大化边缘超平面,使超平面和所有数据点之间的距离平方和最大。当有新样本时,最大域度的超平面能够尽可能地给出正确的预测。因此,多数情况下 SVM 可以使用这个最优超平面获得比其他算法更好的预测性能。

第二种,人工神经网络。人工神经网络(ANN),也可简称为神经网络或类神经网络,是模拟生物神经结构和功能的数学模型或计算模型,可以作为一个通用的函数逼近器(一个两层的神经网络可以逼近任意的函数),因此,其可被看作是一个"可学习"的函数。理论上,只要有足够的训练数据和神经元数量,ANN 就可以学到很多复杂的函数。在大多数情况下,ANN 以外界信息为基础来改变内部结构,是一种自适应系统。它是由很多的层组成的,最前面一层是输入层,中间的几层是隐藏层,最后面一层是输出层,并且每一层都有很多节点,节点之间是通过有权重的边相连的。

ANN 的工作方式可以归纳为:

前向传播。对于一个输入值,把前面一层的输出与后面一层的权值进行计算,再加上后面一层的偏置值得到了后面一层的输出值,再将后面一层的输出值作为新的输入值传到再后面一层,一层层传下去得到最终的输出值。

反向传播。前向传播会得到一个不一定是真实值的预测值,反向传播的作用就是通过与真实值的对比修正前向传播的权值和偏置的误差。

近几年来,随着大规模并行计算以及 GPU 设备的普及,计算机的计算能力得以大幅提高。在强大的计算能力和海量的数据规模支持下,计算机可以端到端地训练一个大规模神经网络,不再需要借助预训练的方式, ANN 也在各种应用场景中展现出其优异的性能。

2. 组学数据分析模块

与其他高通量数据研究一样,生物标志物的数据挖掘需要专门的数学、统计和信息学工具来处理、分析和管理多维模块。通过多种机器学习方法可以对产生的高维、小样本、多变量组学数据进行更高精度的数据处理,研究人员并不满足于已有的算法和模块,他们为了提取更多的高通量数据的有用信息,开发了一些专门的生物信息编程模块的集合,如 Biopython、BioPerl 等,这些模块使组学数据的分析和可视化变得更加容易,也为未来组学数据分析方法提出了要求:(1)自然语言可及性。即通过日常通用语言就可以达到数据分析的目的。(2)人工智能性。高通量数据的分析和解读应该逐步由人员驱动向数据驱动转换,即以数据解读数据。(3)透明性。可重复性是生物医学研究中最看重的一点,因此,高通量的数据分析也应该是有据可循的,且数据分析细节须公开透明。(4)移动和社交平台友好性。智能手机作为最便捷的通信工具,为研究者提供了一个优秀的平台,使其可以不受地点和时间限制地进行组学数据分析。可以预见,结合人工智能,未来生物标志物的获取方法与模块,将能够更加准确地提取组学数据中的有用信息,为疾病的预防和诊断、精准医学、病理机制研究提供更有效的信息支撑。

小结

现代科学技术的发展和学科间的不断渗透融合,为进一步探索人体的奥秘提供了更多的便利,借助学科交叉优势,为个性化和智能化的个体医疗方案提供更好的载体,也为"精准医学"提供了新的可能性。借助人工智能技术,生物标志物的发现也迈入了新的阶段与高度,能够精确提取出数据中最为重要的差异信息,为医学从业者和患者提供更准确的预测性结论。在人工智能的帮助下,我们能够更透彻地理解何种生物标志物的差异会引起疾病的发生,以及在哪些环境之下更可能产生这种差异,人工智能甚至可以帮助并引导医学从业者了解可以根据哪些迹象实现疾病预判。可以想象,随着人工智能技术的发展,现代分析仪器与计算机的结合也将会日益成熟,通过人工智能方法建立的高通量生物标志物发掘方法和模块,为生物标志物筛选奠定了基础,为"精准医学"提供了有力支撑。诚然,人工智能与生物标志物筛选技术的结合还存在很多的缺陷和挑战,但相信人工智能能够帮助我们不断探索、最终实现"精准医学"的大目标,挽救更多生命,改善人民群众的生活质量。

思考与练习

1. 生物标志物的定义是什么?
2. 生物标志物的研究方法有哪些?
3. 面对海量的高通量组学数据,筛选方法有哪些?
4. 非机器学习与机器学习之间有哪些差异?

参考文献

[1] 阿基业.代谢组学数据处理方法:主成分分析.中国临床药理学与治疗学,2010,15(5):481 – 489.

[2] 阿基业,何骏,孙润彬.代谢组学数据处理:主成分分析十个要点问题.药学学报,2018,53(6):9.

[3] 邓魁,李贞子,侯艳,等.基于二维最大重叠离散小波变换的代谢组质谱数据的预处理方法.中国卫生统计,2017(6):850 – 852.

[4] 邓乃扬,田英杰.数据挖掘中的新方法:支持向量机.上海:科学出版社,2004.

[5] 董继扬,李伟,邓伶莉,等.核磁共振代谢组学数据的尺度归一化新方法.高等学校化学学报,2011,32(2):262 – 268.

[6] 公晓云,申小涛,徐静,等.代谢组学数据正态性对疾病分类准确性的影响.山东大学学报,2016,54(4):89 – 93.

[7] 柯朝甫,张涛,武晓岩,等.代谢组学数据分析的统计学方法.中国卫生统计,2014,31(2):357 – 359.

[8] 李响.代谢组学中的多变量数据分析新方法及其应用的研究.大连:中国科学院大连化学物理研究所,2011.

[9] 刘攀,冯长焕.正态标准化数据无量纲处理在因子分析中的应用.内江师范学院学报,2017(12):54 – 58.

[10] 刘盈君.基于随机森林的精神分裂症血清代谢组学研究.山东大学学报,2015,53(2):92 – 96.

[11] 刘月程,王焕军,马金刚,等.质谱代谢组学数据处理的研究.化学分析计量,2018,5.

[12] 娄笑迎,崔巍.机器学习在肿瘤分子标志物挖掘中的研究进展.中华检验医学杂志,2021,44(6):5.

[13] 吕一丹.基于支持向量机的胰腺癌标志物预测研究.吉林:吉林大学,2018.

[14] 亓云鹏,胡杰伟,柴逸峰.代谢组学数据处理研究的进展.计算机与应用化学,2008,25(9).

[15] 祁亮,沈洁.机器学习在肝癌诊疗领域的应用进展.癌症进展,2019,17(5):7.

[16] 王敏,黄寅,张伟,等.代谢组学信息获取与数据预处理瓶颈问题探讨.药学进展,2014(2):81-88.

[17] 王元明,熊伟.异常数据的检测方法.重庆理工大学学报,2009,23(2):86-89.

[18] 温锦波.基于NMR的代谢组学的数据预处理方法及其在糖尿病研究中的应用.厦门:厦门大学,2007:42-45.

[19] 湘高,彭楚武,管茶香.人工神经网络在生物医学检测中的应用:生化测量数据处理方法的研究.中国生物医学工程学报,2007,26(2):5.

[20] 熊行创,方向,欧阳证,等.基于人工神经网络的生物组织质谱成像分类与识别方法.分析化学,2012,40(1):7.

[21] 杨志辉.基于机器学习算法在数据分类中的应用研究.山西:中北大学,2017.

[22] 周志华.机器学习.北京:清华大学出版社,2016.

[23] B Galindo-Prieto, L Eriksson, J Trygg. Variable influence on projection (VIP) for orthogonal projections to latent structures (OPLS). *Journal of Chemometrics*, 2014, 28(8):623-632.

[24] D Naveen, H Zhang, S Laurie, et al. Recommendations for clinical biomarker specimen preservation and stability assessments. *Bioanalysis*, 2017, 9(8):643-653

[25] G Hinton, L Deng, D Yu, et al. Deep neural networks for acoustic modeling in speech recognition: The shared views of four research groups. *IEEE Signal Processing Magazine*, 2012, 29(6):82-97.

[26] I J Goodfellow, Y Bengio, A C Courville. *Deep learning*, 2016, MIT Press. http://www.deeplearningbook.org/.

[27] M Dumarey, B Galindo-Prieto, M Fransson. OPLS methods for the analysis of hyperspectral images-comparison with MCR-ALS. *Journal of Chemometrics*, 2015, 28(8):687-696.

[28] M Wang, R J Lamers, H A Korthout. Metabolomics in the context of systems biology: Bridging traditional Chinese medicine and molecular pharmacology. *Phytotherapy Research*, 2005, 19(3):173-182.

[29] S Bijlsma, I Bobeldijk, E R Verheij. Large-scale human metabolomics studies: A

strategy for data（pre-）processing and validation. *Analytical Chemistry*, 2006, 78（2）: 567 - 574.

[30] S R Conway, H R Wong. Biomarker Panels in Critical Care. *Critical Care Clinics*, 2020, 36(1): 89 - 104.

[31] S Rochfort. Metabolomics Reviewed: A new "Omics" platform technology for systems. Biology and implications for natural products research. *Journal of Natural Products*, 2005, 68（12）: 1813 - 1820.

[32] T A Manolio, Franci S Collins, N J Cox, et al. Finding the missing heritability of complex diseases. *Nature*, 2009, 461: 747.

[33] Y Bengio, A Courville, P Vincent. Representation learning: A review and new perspectives. *IEEE transactions on pattern analysis and machine intelligence*, 2013, 35(8): 1798 - 1828.

[34] Y Bengio. Learning deep architectures for AI. *Foundations and trends in Machine Learning*, 2009, 2(1): 1 - 127.

[35] Y LeCun, L Bottou, Y Bengio. Gradient-based learning applied to document recognition. *Proceedings of the IEEE*, 1998, 86(11): 2278 - 2324.

（本章作者：孙晓东　张云鹏）

第十章　新一代智能皮肤

本章学习目标

通过本章的学习,你应该能够:

1. 描述皮肤的结构。

2. 了解皮肤信号传导。

3. 了解新一代智能皮肤的定义。

4. 了解智能皮肤的材料特性。

5. 描述智能皮肤检测信号。

大自然是生命的能工巧匠。大自然赋予我们皮肤,包裹着我们的组织、器官,使我们免受外界的各种刺激与伤害;我们还能通过皮肤感受到多种外界信号并作出反应。在一些科幻电影中,机器人拥有自我愈合的能力,能在受到损伤后能迅速恢复原状,你能想象科幻电影中描绘的场景正在变成现实吗?随着材料学、半导体及生物医学等领域的不断发展,基于皮肤功能研发的智能皮肤已具备了自我修复、感知等功能,为医疗健康、机器人和假肢等领域的智能化提供了重要的支持。

一、引言

前面章节详细阐述了生物医学检测与智能诊断的发展、原理和应用等。随着人工智能的迅猛发展,以智能皮肤为典型代表的可穿戴设备呈现出井喷式发展。皮肤是人体最大的器官，其具有自我修复、可伸展、触觉感知等特性，在我们与外界的交流中起着重要的作用。模拟人类皮肤特性以及其他附加功能的皮肤样装置通常被称为智能皮肤。特别是近几年芯片行业、半导体精密加工科技、医学等领域的发展，加速了智能皮肤领域的发展，使其在健康监测方面取得了长足的进展。在本章，我们将揭开智能皮肤的神秘面纱，从皮肤形态发生与结构入手，学习皮肤相关的基本知识，并进一步了解逐渐兴起的智能皮肤的基本概念及研究现状。

二、皮肤概述

（一）皮肤的演变过程

皮肤是人体最大的器官，它对维持机体内稳态起着重要的作用。皮肤是人体内部各种脏器与组织的"保护伞"，同时也是人体内部器官与外界环境的效应器。皮肤重量约占体重的 5%，若包含皮下组织，总重量可达体重的 16%。成人皮肤平均总面积为 $1.5\sim2.0~\mathrm{m}^2$，平均厚度为 $0.4\sim0.5~\mathrm{mm}$（不包括皮下组织）。一般来讲，同龄女性皮肤比男性皮肤薄；婴儿皮肤较成年人皮肤薄；眼睑的皮肤最薄，臀部、手掌、脚掌的皮肤较厚。

皮肤为我们机体提供了物理屏障，使身体内的各种器官组织免受外界机械性（如冲击、拉伸）、化学性（如某些化学品、染料）、生物性（如病原微生物）损害或刺激（如辐射、电、热、冷），从而维持机体内稳态。皮肤上含有高度发达的感觉神经，当外界刺激传递给中枢神经后，就会产生触觉、冷觉、痛觉、痒觉等，从而支配靶器官活动，完成各种神经反射。皮肤还具有分泌排泄功能，体内的部分新陈代谢产物或药物（如磺胺类）都能随汗液排出。此外，基于皮肤的信号可以反映我们机体内信号的变化，因此，智能皮肤可通过无侵袭的方式检测皮肤信号，以表征多种器官发出的生物信号，因而具有巨大的开发潜力。

无论是龟类、鱼类等低等动物还是人类，皮肤都是其生存在世界上不可或缺的一部分。我们发现不同种类的动物皮肤形态存在较大差异，那么人类的皮肤是怎样逐步演变为现在形态的呢？动物的皮肤进化与生活环境密切相关。脊椎动物是与人类关系最密切的高等动物类群。随着生活环境的改变，脊椎动物从水生经由两栖过渡，最后发展为陆生类型，即从圆口类、鱼类、两栖类、爬行类、鸟类到哺乳类,其皮肤结构发生了巨大的变化。圆口类的皮肤裸露,表皮和真皮较薄,有单细胞腺;鱼类不需要保存水分,所以皮肤的表皮和真皮较薄,没有角质层,但鱼类有丰富的单细胞黏液腺分泌黏液,以保持体表黏滑,减少游动时的阻力;两栖类幼体时期的皮肤结构与鱼类相似,但成体的皮肤有薄的角质层,并富有多细胞黏液腺,能使皮肤保持湿润并防止皮肤过量吸水;爬行类的皮肤高度角质化,能有效阻止体内水分的流失,同时缺乏腺体以保持皮肤干燥(鳄、龟、蜥蜴除外)。至此,爬行类已完全适应了陆地的生活。鸟类的皮肤薄且与肌肉连接不紧,角质层较薄,被覆角质化的羽毛以适应飞翔生活,仅有尾脂腺。哺乳类的皮肤角质层发达,且表皮、真皮及皮下脂肪均较厚,有保湿、保温和隔热的作用。表皮衍生物有毛、角、爪、蹄、甲等。至此,皮肤的结构和功能已经发展完备。

(二)人体皮肤的结构与功能

最初的研究认为皮肤仅是一种起保护作用的简单器官,但随着皮肤病理学、解剖学等的不断发展,人们意识到皮肤不仅是一种静态的屏障,更是一种处于动态变化的复杂器官,它能整合、参与多种信号。

哺乳动物的皮肤由外至内可分为三层(图 10 - 1):表皮(Epidermis)、真皮(Dermis)和皮下组织(Hypodermis)。表皮含有表皮附属器:毛囊、汗腺和皮脂腺等。表皮与真皮通过基底膜相连接。

1. 表皮

表皮是皮肤最外层不断更新的鳞状上皮,它是皮肤屏障功能的结构基础。表皮层中没有血液循环,主要依靠真皮内的组织液供给营养物质。表皮层中含有丰富的神经末梢,能感知外界刺激,产生各种各样的感觉。表皮中最主要的细胞类型为表皮细胞(Keratinocyte),基底层表皮细胞经过分化、迁移,最终形成具有不同形态和生化特征的四层,由内向外依次为基底层(Stratum basale)、棘层(Stratum spinosum)、颗粒层(Stratum granulosum)和角质层(Stratum corneum)(图 10 - 2)。基底层的表皮细胞连接着基底膜,这一层的细胞含有潜在的增殖能力,其子代细胞经过不对称有丝分裂进入棘层,并退出细胞周期,在棘层中细胞变大并建立了紧密的细胞间连接。颗粒层的细胞质膜下形成不透水的信封样(Cornified

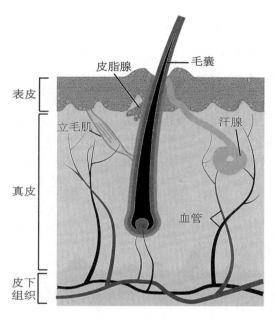

图 10-1 皮肤的结构与附属器

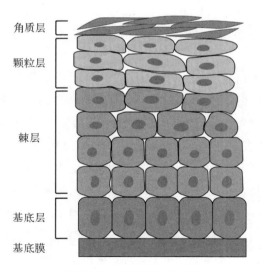

图 10-2 表皮结构示意图

envelope)结构。最外层的角质层细胞为扁平、无核的鳞状结构样细胞,细胞间含有丰富的脂质以封闭角质层细胞空隙,使其成为难以逾越的"分子堡垒",能有效阻止病原微生物入侵,防止液体流失。

角质层位于表皮的最外层,厚度为 10~20 μm,由 10~25 层扁平无核角化细胞构成,是表皮细胞分化的最后阶段。随着表皮细胞的不断增殖、分化,角质层细胞也以相应的速度脱落(Desquamation),形成动态平衡。一般情况下,青年人表皮细胞更新时间约为两周,而 50 岁以上的人约需要 37 天。最近,研究者利用飞行时间次级离子质谱分析技术(Time-of-flight secondary ion mass spectroscopy, TOF - SIMS)及拉曼光谱显微分析技术(Raman Spectromicroscopy)发现,角质层至少包括功能不同的三层,最上面一层类似于"海绵",能吸收水溶性小分子,也能让其渗出;中间层主要起吸收和保持水分作用;最下面一层有助于维持角质层的结构强度。表皮的屏障功能和保护功能主要依赖于角质层。其中,最关键的屏障功能是渗透性屏障,能防止机体水分经皮丢失。角质层细胞被多种神经酰胺、固醇和游离脂肪酸包裹,这些高度疏水的脂质能有效抑制水分向外扩散。由于一些油类和醇类物质比较容易渗透入角质层,因此,很多皮肤制品通常以这类物质作为基质,以增强其渗透力。角质层细胞含有的角蛋白有助于减少水分蒸发,同时也具有吸收水分的功能,可使皮肤保持湿润。

颗粒层位于角质层下,由 2~3 层扁平梭形或菱形细胞构成。该层细胞含有深嗜碱性的透明角质颗粒,越接近角质层,颗粒越大,数量越多。角质颗粒能折射光线,减少紫外线伤害。在鱼鳞病患者中可发现透明角质颗粒异常,这表明透明角质颗粒对皮肤正常结构和功能有着重要意义。棘层位于颗粒层下面,由 4~8 层带棘突的多角体细胞构成。靠近基底层的细胞形态与基底层细胞类似,越靠近角质层,细胞越扁平。该层中细胞有分裂功能,通过桥粒相连接,细胞间充满了组织液,组织液可为新陈代谢提供营养。该层中还含有神经末梢,可以感知外界刺激。基底层,又称生发层,位于表皮的最深处,由单层圆柱状细胞排列呈栅栏状。基底层细胞附着于基底膜上,与真皮紧密衔接。基底层细胞具有增殖能力,通过向外推移补充最外层消耗的角质层细胞。基底层细胞通过半桥粒与基底膜相连接,通过这种连接传递并调节基底层细胞增殖、迁移、分化信号。表皮附属器是一种特殊的表皮结构,主要包括毛囊、皮脂腺、汗腺、爪甲等。皮肤附属器与皮肤协调一致,共同执行局部或全身的各种生理功能。只有哺乳动物才有毛发,毛发的主要作用是隔离和保护动物免受外部恶劣环境的损害。毛发的生长情况可间接反映整体的身体状况。毛囊周围有密集的神经网络,根部含有丰富的血管。近年来有研究发现,一些物理刺激可以诱导毛囊细胞分泌某些趋化因子,招募免疫细胞,发挥免疫功能,如轻微的抓伤。汗腺则具有排泄和调节体温的作用。

2. 真皮

真皮是一种位于表皮之下的结缔组织,比表皮厚,通过基底膜与表皮相连接。其中,基底膜呈高低起伏的波浪状。真皮层含有丰富的血管、淋巴管、神经等,主要发挥免疫防御、体温调节、感知等作用。真皮层在结构上可分为两层:乳头层和网状层。乳头层位于真皮浅部,与表皮的基底层紧密相连,由大量的结缔组织形成真皮乳头,突向表皮基底层,形成波浪状的接触面。网状层位于真皮深层,与乳头层无严格界限。由胶原纤维和弹力纤维构成,能够使皮肤弹性和韧性加大。成纤维细胞是真皮层中重要的细胞类型,可调节纤维蛋白和细胞外基质的组成,与组织损伤修复及疤痕形成密切相关。

3. 皮下组织

皮下组织位于真皮之下,主要发挥缓冲机械压力、储存能量、保温等作用,在皮下组织上分布有大量的脂肪组织、肌肉组织及结缔组织等。皮下组织的厚薄依年龄、性别、部位及营养状态而异,一般以腹部和臀部最厚,脂肪组织丰富;眼睑、手背、足背和阴茎处最薄,几乎不含脂肪组织。由于此层组织疏松,血管丰富,临床上常在此层做皮下注射。

4. 皮肤感觉受体

我们的皮肤能感受到温度的变化,轻松地区分物体是柔软还是粗糙,主要归功于我们皮肤中广泛分布的感觉受体。人类皮肤可以感知触觉、痛觉、温觉、冷觉等,其中,触觉是实现智能皮肤更加接近人类皮肤的关键因素之一。皮肤中主要分布着4种不同类型的触觉受体(图 10−3):响应环境持续刺激的慢适应受体(Slow adapting receptors, SAR−1 和

SAR‐2）和响应动态刺激及振动的快适应受体（Fast adapting receptors，FAR‐1 和 FAR‐2）。SAR‐1 主要分布于表皮基底层，呈指状凸起，识别 0.4~3 Hz 的刺激，对皮肤形变响应灵敏，有助于识别物体形状与纹理等；SAR‐2 主要分布于真皮层，识别 100~500+ Hz 的刺激，可响应持续向下的压力、皮肤拉伸等刺激，实现手指位置、运动方向等的感知功能；FAR 在表皮与真皮中均有分布，FAR‐1 识别 5~50 Hz 的低频刺激，实现感知物体运动、纹理识别与抓握控制等功能，FAR‐2 可响应 50~400 Hz 的高频刺激，对纹理识别与工具使用等起重要作用。

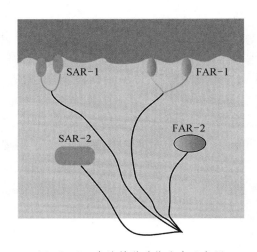

图 10‐3　皮肤触觉受体分布示意图

触觉受体在皮肤上的分布密度及分辨率不同。例如，在手部位置，SAR‐1 与 FAR‐1 在指尖部位密度最高，而 SAR‐2 与 FAR‐2 在手部分布较均一；从指尖到脸部再到大腿、腹部，触觉受体的分辨率逐渐降低。这也在一定程度上体现了皮肤的复杂性与进化特性。外界环境刺激诱导感觉受体产生信号，神经纤维接收来自不同感觉受体的信号，并将信号传递给大脑，大脑整合这些信号，随后对物体的大小、形状、质地等作出判断。

三、智能皮肤概述

皮肤在我们与外界的交流中起着重要的作用。利用电子设备重建皮肤的特性,即智能皮肤,对医学健康、机器人领域等产生了深远的影响。近年来,芯片行业、半导体精密加工技术、柔性技术、材料等领域的快速发展促进了智能皮肤的发展。什么是智能皮肤呢?智能皮肤是一种模仿人体皮肤特征并具备感知功能的超薄电子器件。传感器是智能皮肤的核心组成,传感器在接收外界信号后,经过检测并转化为电信号反馈给识别装置。

智能皮肤并不是一个全新的概念,实际上早在1980年左右就已经被提出了。智能皮肤的开发灵感很大程度上来源于早期科幻电影。在《星球大战》系列电影中刻画了未来智能皮肤,电影中主人公卢克·天行者(Luke Skywalker)在战斗中失去了手臂,随后安装了一只具有完全感知能力的电子手;在电影《终结者》中虚拟了具有自愈能力的机器人。这些科幻电影激发了科学家们将科幻小说与现实联系起来。1983年,惠普公司推出了首款触摸屏电脑,用户只需要触摸屏幕即可激活该功能,这是历史上第一款利用人体触觉的电子设备。1985年,GE公司推出了一款用于机械臂的智能皮肤,使机器人能在近距离范围内感知周围环境,躲避障碍物,不过最初的智能皮肤分辨率较低。直到20世纪90年代,科学家们开始将柔性材料应用于电子产品,使柔性、可拉伸智能皮肤的开发取得了重大进展。生活中我们所见到的电子装置大都是比较坚硬的金属物件,而通过特定的材料利用电子柔性技术,可以有效实现智能皮肤的伸展特性,使其可以贴于皮肤表面。尤其是过去的10年中,人类在智能皮肤领域取得了巨大进步,如开发了有触觉、自我充电功能、自我愈合能力等的智能皮肤。此外,除了人类皮肤外,近年来科学家也将不同生物的独特结构应用于智能皮肤的研发,如变色龙对环境变化的适应性、蜘蛛对振动的敏感性等,开发出了具有特殊功能的智能皮肤。

智能皮肤可以发挥多种功能,目前主要用于医疗、假肢和机器人领域。例如,智能皮肤能检测我们身体每天发生的微小变化;我们可以通过智能皮肤检测从健康到疾病这一过程中人体的病理生理变化;可将智能皮肤应用于义肢,使佩戴者产生触觉感知能力等。

（一）智能皮肤的材料特性

人体皮肤可以在一定范围内拉伸、弯曲而不变形;皮肤位于人体最外层,时常受到环境的损伤,如烫伤、蚊虫叮咬、刀片划伤等,但奇妙的是,我们的皮肤能够较快地自愈。传统的电子元器件设备大都比较坚硬,缺乏伸展特性、自愈性,智能皮肤要模拟人类皮肤,必须具备皮肤本身的这些典型特性才能更好地发挥功能。近年来材料学与加工方法的发展,使多种皮肤特性得以实现。

1. 伸展特性

智能皮肤一个非常重要的特点即是与皮肤密切接触。通常情况下,人体皮肤可承受15%的扭曲形变、十到几百千帕的弹性形变。因此,智能皮肤应该具有足够的可拉伸性,使它们能够附着在皮肤上并有效地适应身体移动过程中的机械弯曲和拉伸运动。目前,实现智能皮肤的这种特性主要通过两种方式:研发可拉伸的新型材料;通过改变脆性材料的结构,赋予其伸缩特性。水凝胶是一种典型的可拉伸新型材料,因其在可拉伸性、自愈性、离子导电性及生物兼容性等方面独特的优势,目前已成为柔性电子设备领域的研究热点。新型水凝胶已具备多维配置,可赋予电子皮肤非凡的工作范围(2 800%)。其他的新型材料还包括纳米材料、聚二甲基硅氧烷(Polydimethylsiloxane,PDMS)、导电聚合物等也在研发过程中。在新型结构设计方面,常采用波形结构、剪纸结构等结构形式缓解形变过程中的应力变化(图 10-4)。

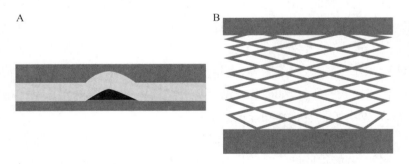

图 10-4 智能皮肤的典型结构设计示意图(A 波形结构;B 剪纸结构)

2. 自愈性

智能皮肤在使用过程中总是不可避免地受到外界的损害。理想的智能皮肤在被损伤后,需要在一定条件下实现自我修复,重建原有形状及各部件的原始功能。根据愈合机制不同,自愈性材料主要分为两类。第一类是材料中添加含自愈剂的微胶囊,一旦材料发生机械损伤,这些自愈剂就会自动释放出来,修复损伤部位。但此类型的材料不适用于智能皮肤,因为这种材料的修复十分有限。第二种类型材料主要依赖于动态化学键,更适用于智能皮肤。当材料被损伤时,内部的化学键会发生断裂,聚合物链扩散至损伤部位发生重组,从而恢复材料的原始性质,例如,斯坦福大学团队研发的基于氢键的新型高分子聚合材料,该材料对切口不敏感(拉伸度高达1 200%),在人工汗液中也能自动愈合。但目前绝大部分具有可修复功能的设备只能进行部分功能自我修复,要实现完全修复仍是一个巨大的挑战。

3. 生物相容性

生物相容性是指材料在身体某一特定部位引起适当的反应。其中,生物反应包括血液反应、免疫反应和组织反应;材料反应指材料物理、化学性质的变化。智能皮肤长期与皮肤直接接触,所以生物相容性非常重要。生物相容性材料除对人体无毒无害外,还应避免过敏、瘙痒等不良反应。使用天然材料(如丝素蛋白)或对其进行修饰是解决生物相容性问题的可行策略之一。

4. 自充电性

智能皮肤的能量来源可以是皮肤,如将机体机械运动转化为电能;也可以从环境中获得,如太阳能。目前已有技术将充电和能量储存装置用于智能皮肤中,比较主流的自充电设备主要利用可拉伸的太阳能电池,如最新开发的可拉伸有机光伏电池。

除上述因素外,智能皮肤在材料方面还应考虑材料的自我清洁能力、光透明性及灵敏度等因素。

（二）智能皮肤检测信号

智能皮肤必须具备能感受外界环境变化或刺激的感受器来启动信号传递。按照不同信号类型来分,智能皮肤主要检测三种类型的信号:电信号、物理信号和生物化学信号。不同类型信号指示着特定的生理特征与身体信号,智能皮肤通过内在的传感器检测这些信号,从而实现对人体生理、心理状态的动态监测。

1. 电信号

外界刺激或情绪、生理病理变化均会引起组织和细胞电信号改变。电信号变化能非常迅速且灵敏地反映机体受影响的程度,因此,可以通过检测电信号变化监测特定组织或细胞的病理、生理状态。目前,电生理传感器已用于对心电信号、脑电信号和肌电信号等的监测。心电信号(Electrocardiography)是心脏心肌细胞活动的电信号,它可以反映心脏的病理生理状态;脑电信号(Electroencephalography)是大脑神经细胞活动产生的电信号;肌电信号(Electromyography)是肌肉收缩或舒张时产生的电信号。心电信号相较其他两种信号而言振幅更大,因此检测更为容易。表 10.1 总结了电信号传感器检测的主要信号及目的。

表 10.1　电信号传感器靶点及检测目的

电 信 号	目　　　　的
脑电信号	检测脑部损伤、头痛、头部肿瘤、失眠、癫痫、眩晕以及情绪变化等
心电信号	检测心血管疾病
肌电信号	指导运动、运动诊断、神经肌肉疾病等

2. 物理信号

物理传感器可用于接收温度、压力、张力和湿度等信号。尽管人体的这些信号很容易检测,但要实现持续性监测仍然有一定的挑战性。皮肤温度是人体生理、病理状况(如发热、中暑及感冒等)的重要参数,基于电阻温度系数的温度传感器能连续、精确地测量皮肤温度的空间分布。不过,基于表皮的温度检测也有一定局限性,智能皮肤所检测的温度通常是体表的温度,而非核心体温。压力信号可用于血压、脉压和眼内压的检测以帮助疾病诊断。血压和脉压是心血管疾病的主要生物信号,而眼内压是眼部疾病的主要指标之一。例如,青光眼患者通常表现为眼内压增高。目前已有多种材料用于压力传感器,如纳米管、石墨烯材料等。应变式传感器主要用于测量物体形变,可用于监测运动,如手部弯曲等;也可用于微小运动监测,如监测吞咽以表征声带情况;监测老年人的身体异动,以尽早发现帕金森病。表 10.2 总结了用于物理传感器的主要靶点及其检测目的。

表 10.2 物理传感器靶点及检测目的

物理信号	目　　的
温　　度	检测感染、中暑、感冒
压　　力	检测血压、脉压、眼压
形　　变	检测手部弯曲、吞咽、震颤

3. 生物化学信号

人体内含有多种可被检测的生物化学信号,其中血液是临床诊断中使用最多的体液。血液中的葡萄糖浓度是糖尿病的重要诊断依据。常规的血糖检测需要在皮肤上切割开小口,属于侵入检测方式,因此葡萄糖浓度的连续检测难度大,也会给患者带来极大的痛苦。近年来,科学家们一直积极探索以无创的方式检测体液以反映身体状态的方法,包括汗液、唾液、泪液、间质液等,这也是智能皮肤生物化学传感器检测的目标。

汗液是机体最丰富的生物液,包含丰富的与人类健康相关的数据。汗液中含有代谢物(如葡萄糖、乳酸、尿素等)、电解质(如钠离子、钾离子、氯离子等)、大分子物质(核酸、蛋白等)等。汗液中的钠离子可提示机体电解质平衡状态;钙离子水平则与骨质疏松、骨矿物质流失等密切相关;汗液中尿素浓度升高与肾衰竭明显相关;汗液中乙醇浓度与血液中乙醇浓度具有明显相关性,可以用于检测酒精摄入量。另一个更有吸引力的地方是智能皮肤可实现汗液的原位检测。传统的汗液测试需要在专门的环境中进行离体测量,基于柔性打印的文身传感器可以实现与皮肤持续的直接接触,是一种具有吸引力的可用于汗液检测的平台。2013 年,美国加州大学团队利用该平台实现了对汗液中的乳酸实时检测,为研究项目提供了运动过程中汗液乳酸分泌谱。在该研究中,受试者佩戴文身传感器后开始运动,通过乳酸氧化酶来测算汗液中乳酸的水平。虽然汗液乳酸水平不直接体现其在血液中的水平,但它能反映长时间运动下的体力消耗情况,有利于指导科学训练。

泪液中的某些生物分子的浓度与血液中的浓度呈一定的相关性,因此,可以在一定程度上反映血液中该分子的浓度。泪液中还包含与眼部疾病相关的信息,其成分也不如血液复杂,使得泪液分析日益受到青睐。泪液中含有蛋白质、多肽、电解质及多种代谢物。泪液中的葡萄糖与血液中葡萄糖浓度高度相关;泪液中脯氨酸蛋白-4浓度增加提示干眼症的发生等。尽管泪液分析有许多优势,但仍存在一些挑战,如每次收集到的泪液十分有限,容易挥发,不同收集方法对分析结果影响较大。此外,不同情况如伤心或是机械刺激条件下产生泪液的成分也有差异,这些挑战强调了采用智能皮肤进行基于泪液分析时,应在无刺激的条件下进行。目前一个极具潜力的检测泪液的方法是基于隐形眼镜的方法。研究者在隐形眼镜中安装生物传感器、信号处理器,受试者的泪液可以在无刺激的情况下被连续检测。不过,这类隐形眼镜对材料透明度、生物相容性、伸展特性等要求极高,目前仍然处于探索阶段。

唾液中含有多种生物标记物,如葡萄糖、乳酸、酶及激素等。唾液中的蛋白如IL-8与癌症的发生相关,唾液中的皮质醇可反映机体的压力状态。近年来,智能皮肤的发展使得唾液原位检测成为可能。目前常采用将传感器贴于牙釉质或牙套的方式进行检测。

（三）智能皮肤的应用

近几年的研究显示,智能皮肤在多个领域具有巨大的应用前景。本节将列举智能皮肤的典型应用场景。

1. 健康领域

近年来,科学家做了大量关于智能皮肤在健康领域的应用的研究。目前,智能皮肤已经能够检测多种人体信号。智能皮肤可长时间、动态进行健康数据检测,为医生提供更全面的诊疗数据。

智能皮肤可用于血糖动态检测。某些糖尿病患者,尤其是有特殊类型糖尿病的患者,如"黎明现象"患者(清晨血糖升高),需要对血糖进行实时检测,才能更好地发现血糖节律性变化,以指导临床用药。传统的血糖检测大都采用静脉抽血或指尖末梢取血的方式,这样的方式一天只能检测几个时间点的血糖,存在一定的片面性。此外,这种采血方式需要反复针刺,给病人带来了痛苦。而智能皮肤可无侵袭地动态检测血糖,更易发现一些无症状的和一些特殊的有节律变化的异常血糖患者。已有研究团队开发了一种基于文身的无创血糖检测智能皮肤,其传感器基于反向离子电渗疗法,即在皮肤表面施加温和的电流将葡萄糖提取出来,就可以很便捷地利用安装在皮肤表面的葡萄糖传感器进行检测,这一方法也为其他生物信号的无创检测提供了思路。已有部分美国公司开发了商业化的基于反向离子电渗法的表皮传感器,用于连续自动地检测血糖,并被 FDA 批准上市。它能以非侵入性的方式检测血糖,每十分钟测取一次血糖浓度。不过比较遗憾的是,由于存在皮肤刺激、校准复杂等问题,该类表皮传感器已于 21 世纪初退出市场。目前,Abbott 公司的 Freestyle Libre,Dexcom 公司的 Dexcom G6 CGM 以及 Senseonics 公司的 Eversense 均被 FDA 批准上市,用于检测间质液中葡萄糖浓度。相信随着科技的进步,基于表皮的生物传感器将能检测更多的分子。

智能皮肤用于人工咽喉。语言是我们与外界沟通的重要工具。由于意外或事故的发生,导致部分伤者无法正常说话,成为言语障碍者。目前研究者们已经开发了一些技术能帮助他们说话。实际上,有相当一部分言语障碍者都能发出咿呀的声音,但是其他人难以理解其中的含义。清华大学研究团队开发了基于激光诱导石墨烯的人工咽喉,它能够检测和区分言语障碍者发出的不同强度或不同频率的声带轻微振动,并转化为精确的语言。

2. 机器人领域

机器人作为一种自动化的设备已经被应用到生活中的多个方面,如扫地机器人、康复机器人等。随着时代的进步,我们对机器人的期望也在不断地提高,我们希望机器人能从"自动化"逐步向"智能化"发展。在实际应用中,机器人灵活操纵物体需要触觉感知,有触觉智能皮肤的开发加速了机器人智能化的应用进程。清华大学研究团队开发了基于热感应和压热效应原理的多功能智能皮肤,它融合了多种感知功能,能感知力、位置和温度。研究团队将其应用于机器人,实现了机器人自动避碍、碰撞检测、人机交互和打太极拳等。斯坦福大学的团队开发了能够实时测量和区分剪切力和法向力的仿生智能皮肤,能为机器人提供传感反馈。在按压新鲜草莓的实验中,安装有该智能皮肤的机械手只要碰到草莓便停止按压,避免损坏草莓,而传统的无触觉机械手臂需要人为操作才能避免压坏草莓。智能皮肤的触觉功能还能应用于假肢领域,使假肢可以感受到温度,可以感受婴儿柔嫩的肌肤等。

四、智能皮肤面临的挑战

过去几十年中,智能皮肤的发展预示着智能诊疗新时代的到来。但要在现实生活中实现这些应用,还面临着诸多挑战。

(一)智能皮肤的生物相容性

尽管与植入性设备相比,智能皮肤的安全性和可控性有显著优势,但这并不意味着智能皮肤没有风险。实际上,因为大部分检测需要与皮肤直接接触,对金属过敏的人来说,不可避免地会导致接触性皮炎。同时,长期使用智能皮肤装置,有可能引起人体对金属或里面的一些化学物质过敏。目前大部分智能皮肤均会抑制机体汗液分泌,其透气性也是亟待攻克的难题,这些均易引起皮肤角质层过度水化,干扰皮肤屏障功能。因此,智能皮肤的生物相容性仍有待进一步改进。

(二)智能皮肤的数据可靠性和有效性

人体内的一些生物信号比较微弱,容易被机体本身或环境中的噪声所掩盖,这对传感器的可靠性和有效性提出了较高要求。此外,数据的相关性也是值得关注的问题。智能皮肤通过非侵入方式测得的数据,如血糖,并不是传统意义上临床检测的血液中的葡萄糖浓度,这就需要未来进一步提高换算公式的准确性,同时也应考虑到个体间的差异,制订较好的参数校正方案。

(三)增强智能皮肤多功能检测能力

目前的多项研究已经证明将两个或多个传感器集成到一个设备中的可能性,但对不同信号的精确处理仍然是一个挑战。这些多功能设备对单一的刺激通常能比较好地校准,但如何对多个不同复杂刺激进行精确处理,还有待进一步探索。近年来,机器学习、深度学习的发展或许可以为该领域的研究带来新的见解。

此外,智能皮肤在半导体加工、芯片等方面也存在着一些亟待解决的问题,如集成电路面积大、密度高、制备工艺复杂、成本高等。随着科技的进步,我们相信这些问题都会被逐步解决。

小结

皮肤是机体的"保护伞",也是我们感知外界信号的重要器官。近年来,基于皮肤特征开发了具备感知、触觉功能的柔性电子装置,即智能皮肤。智能皮肤正在从实验室研发阶段走向临床研究及日常生活,有望应用于生物医药、健康等领域,如通过非侵入方式检测人体变化、疾病的早期发现与诊断等。智能皮肤的发展需要工程师、医生的密切合作。例如,医生对皮肤结构与功能的深入了解有利于指导新型传感器的开发,工程师利用新技术、新材料开发的新型传感器有利于充分发挥智能皮肤的优势。尽管这一领域目前仍然存在诸多挑战,但随着生物科技、芯片、人工智能等领域的发展,智能皮肤将会更好地服务于人类。

思考与练习

1. 皮肤分为几层,每层的功能是什么?

2. 皮肤中的触觉感受器分为几种? 它们的分布及接收的信号有何不同?

3. 智能皮肤是皮肤吗? 想一想什么是智能皮肤?

4. 发散你的思维,想一想,智能皮肤还可以被应用到哪些方面呢?

参考文献

［1］马超,赵刚.电子皮肤研究进展：材料、功能与应用.中国科学技术的大学学报,2021.51(10)：725-746.

［2］A Chortos, J Liu and Z Bao. Pursuing prosthetic electronic skin. *Nat Mater*, 2016. 15(9)：937-950.

［3］A J Bandodkar, W Z Jia, C Yardımcı, et al. Tattoo-based noninvasive glucose monitoring：a proof-of-concept study. *Anal Chem*, 2015. 87(1)：394-398.

［4］A Kubo, I Ishizaki, H Kawasaki, et al. The stratum corneum comprises three layers with distinct metal-ion barrier properties. *Sci Rep*, 2013. 3：1731.

[5] C L Simpson, D M Patel, K J Green. Deconstructing the skin: cytoarchitectural determinants of epidermal morphogenesis. *Nat Rev Mol Cell Biol*, 2011. 12(9): 565 – 580.

[6] C M Boutry, M Negre, M Jorda, et al. A hierarchically patterned, bioinspired e-skin able to detect the direction of applied pressure for robotics. *Sci Robot*, 2018. 3 (24).

[7] D J Lipomi, B C K Tee, M Vosgueritchian, et al. Stretchable organic solar cells. *Adv Mater*, 2011. 23(15): 1771 – 1775.

[8] D Oliveira, S E E Rosowski, A Huttenlocher. Neutrophil migration in infection and wound repair: going forward in reverse. *Nat Rev Immunol*, 2016. 16(6): 378 – 391.

[9] D Tsuruta, T Hashimoto, K J Hamill, et al. Hemidesmosomes and focal contact proteins: functions and cross-talk in keratinocytes, bullous diseases and wound healing. *J Dermatol Sci*, 2011. 62(1): 1 – 7.

[10] G Z Li, S Q Liu, Q Mao, et al. Multifunctional electronic skins enable robots to safely and dexterously interact with human. *Adv Sci (Weinh)*, 2022. 9 (11): e2104969.

[11] H N Lovvorn, D T Cheung, M E Nimni, et al. Relative distribution and crosslinking of collagen distinguish fetal from adult sheep wound repair. *J Pediatr Surg*, 1999. 34 (1): 218 – 223.

[12] I A Darby, B Laverdet, F Bronte, et al. Fibroblasts and myofibroblasts in wound healing. *Clin Cosmet Investig Dermatol*, 2014. 7: 301 – 311.

[13] J C Yang, J Mun, S Y Kwon, et al. Electronic Skin: Recent Progress and Future Prospects for Skin-Attachable Devices for Health Monitoring, Robotics, and Prosthetics. *Adv Mater*, 2019. 31(48): e1904765.

[14] J Kang, D Son, G N Wang, et al. Tough and Water-Insensitive Self-Healing Elastomer for Robust Electronic Skin. *Adv Mater*, 2018. 30(13): e1706846.

[15] J Kim, A S Campbell, J Wang, et al. Wearable biosensors for healthcare monitoring. *Nat Biotechnol*, 2019. 37(4): 389 – 406.

[16] J Kim, G Valdés-Ramírez, A J Bandodkar, et al. Non-invasive mouthguard biosensor for continuous salivary monitoring of metabolites. *Analyst*, 2014. 139(7): 1632 – 1636.

[17] K Nagao, T Kobayashi, K Moro, et al. Stress-induced production of chemokines by hair follicles regulates the trafficking of dendritic cells in skin. *Nat Immunol*, 2012. 13(8): 744 – 752.

[18] L Qiang, Y H Cui, Y Y He, et al. Keratinocyte autophagy enables the activation of

keratinocytes and fibroblastsand facilitates wound healing. *Autophagy*, 2021. 17(9):
2128 - 2143.

[19] L Q Tao, H Tian, et al. An intelligent artificial throat with sound-sensing ability
based on laser induced graphene. *Nat Commun*, 2017. 8: 14579.

[20] M G Rohani, W C Parks. Matrix remodeling by MMPs during wound repair. *Matrix
Biol*, 2015. 44 - 46: 113 - 121.

[21] M J Tierney, J A Tamada, R O Potts, et al. Clinical evaluation of the GlucoWatch
biographer: a continual, non-invasive glucose monitor for patients with diabetes.
Biosens Bioelectron, 2001. 16(9 - 12): 621 - 629.

[22] M L Hammock, A Chortos, B C K Tee, et al. 25th anniversary article: The
evolution of electronic skin (e-skin): a brief history, design considerations, and
recent progress. *Adv Mater*, 2013. 25(42): 5997 - 6038.

[23] M Li, T Wang, H Tian, et al. Macrophage-derived exosomes accelerate wound
healing through their anti-inflammation effects in a diabetic rat model. *Artif Cells
Nanomed Biotechnol*, 2019. 47(1): 3793 - 3803.

[24] M S Mannoor, H Tao, J D Clayton, et al. Graphene-based wireless bacteria
detection on tooth enamel. *Nat Commun*, 2012. 3: 763.

[25] N M Farandos, A K Yetisen, M J Monteiro, et al. Contact lens sensors in ocular
diagnostics. *Adv Healthc Mater*, 2015. 4(6): 792 - 810.

[26] P T Caswell, T Zech. Actin-Based Cell Protrusion in a 3D Matrix. *Trends Cell Biol*,
2018. 28(10): 823 - 834.

[27] T Matsui, M Amagai. Dissecting the formation, structure and barrier function of the
stratum corneum. *Int Immunol*, 2015. 27(6): 269 - 280.

[28] V L Alexeev, D Sasmita, D N Finegold, et al. Photonic crystal glucose-sensing
material for noninvasive monitoring of glucose in tear fluid. *Clin Chem*, 2004. 50
(12): 2353 - 2360.

[29] W Jiang, H Li, Z Liu, et al. Fully Bioabsorbable Natural-Materials-Based
Triboelectric Nanogenerators. *Adv Mater*, 2018. 30(32): e1801895.

[30] W Z Jia, A J Bandodkar, G V R Jia, et al. Electrochemical tattoo biosensors for
real-time noninvasive lactate monitoring in human perspiration. *Anal Chem*, 2013. 85
(14): 6553 - 6560.

[31] Y C Cai, J Shen, C W Yang, et al. Mixed-dimensional MXene-hydrogel heterostructures
for electronic skin sensors with ultrabroad working range. *Sci Adv*, 2020. 6(48).

[32] Y Koike, M Yozaki, A Utani, et al. Fibroblast growth factor 2 accelerates the
epithelial-mesenchymal transition in keratinocytes during wound healing process. *Sci

Rep, 2020. 10(1): 18545.

[33] Y Yang and W Gao. Wearable and flexible electronics for continuous molecular monitoring. *Chem Soc Rev*, 2019. 48(6): 1465 - 1491.

（本章作者：王娟　丁小雷）

第十一章 药物智造：
人工智能与药物研制

本章学习目标

通过本章的学习，你应该能够：

1. 了解药物设计的基本原理和流程。

2. 了解人工智能技术在药物研制方面的发展和应用。

3. 了解人工智能技术对未来药物设计开发的重要性。

人类从未停止过对药物的探索。从中国神话故事里的炼丹术到神农尝百草，从《黄帝内经》到《本草纲目》，古人用有限的智慧，从大自然中获取药物，延续生命和文明。17世纪，欧洲人已陆续从药用植物中提取分离出吗啡、奎宁、阿托品等，经过科学家们的人工合成和结构改造，得到了新的化学药品。19世纪末，化学制药工业已初具雏形，并在20世纪迎来新纪元：磺胺药的发现使人类有了对付细菌感染的有效"武器"；青霉素的发现和分离提纯丰富了人类对细菌性疾病作战的"武器库"；胰岛素的提取为治疗糖尿病起了关键作用；激素的人工合成被应用到了避孕药物的生产中；维生素的合成在制药领域一直占据重要份额……其后，各种疾病的新药、特效药的研发都取得了突破性的进展，这进一步推动了人类制药工业的发展，其中包括了各种心血管疾病类药物、抗精神失常药、抗肿瘤药、抗病毒药等。2015年，中国科学家屠呦呦荣获诺贝尔生理学或医学奖,以表彰其在寄生虫疾病治疗方面取得的成就,中国传统的中草药得到了世界的认可。然而传统的药物研发方法已经不能满足人类社会发展的需求,高成本、高投入、低成功率已成为药物研发的痛点,人类对于药物研制新方法有了更高的期待。21 世纪是人工智能的时代,如何有效地利用 AI 技术为人类的发展服务,是全人类共同面对的机遇和挑战。人与机器协同工作,实现 AI 与药物研制的完美融合,人类期待着从"药物制造"向"药物智造"的转变。

一、引言

18 世纪 60 年代,在英国发起的第一次工业革命,开创了以机器代替手工劳动的时代,造就了深刻的社会变革。从此,人类社会得到了史无前例的飞速发展。随着以电力的广泛应用为标志的第二次工业革命,以及以计算机的发明和使用为标志的第三次工业革命,人们的生产方式、生活方式、社会结构,乃至世界格局都发生了翻天覆地的变化。以 AI 为代表的智能互联技术正成为第四次工业革命的推动力。

提到 AI,很多人可能会联想到 AlphaGo 与棋手柯洁之间的人机大战。这一款由谷歌旗下 DeepMind 公司研发的围棋 AI 程序,以总比分 3∶0 的成绩击败当时世界排名第一的棋手柯洁。实际上,击败人类棋手从来不是AlphaGo 的真正目的,开发公司只是通过围棋来试探它的实力,并以此为契机,探索 AI 的广泛应用,推动社会变革。一般来说,凡是能够对信息进行收集和处理的人造系统都可以称为人工智能(AI)。我们研究 AI 的目的就是使用计算机来模拟人类的某些思维过程和智能行为,如学习、推理、思考、规划等,从而使计算机能实现更高层次的应用,甚至部分取代人脑的功能。

药物研发在人类历史进程中有着举足轻重的作用。第二次世界大战期间,青霉素的发现与使用,帮助人体抵抗细菌感染,对控制伤口感染非常有效,拯救了不计其数的伤员,成为士兵口中的"救命药"。电影《我不是药神》中的"神药"格列卫(Gleevec),使超过 96% 的新发慢性骨髓性白血病患者,五年生存率从 64% 提高到 83%,几乎与正常人无异。诸如此类药物研发的突破和进展,让人类的生活质量逐步改善,人均寿命也得到显著提高。然而,在一百多年的药物研发历史中,还有包括阿尔茨海默病、肿瘤疾病、艾滋病等许多难题未被攻克；更令人痛心的是，药物引发的悲剧也从未缺席。例如，20 世纪 50 年代，沙利度胺（Thalidomide）曾是一种被用作缓解孕妇妊娠呕吐的药物，因其疗效极佳而风靡多国，但其副作用导致了 1 万余名婴儿发生畸形，给许多幸福美满的家庭带来了可怕的灾难。因此，药物研发不仅考验着人类生物、化学等领域的探索和研究，同时也在人类对抗疾病的斗争中发挥着重要作用。

医药行业拥有超过万亿元的庞大市场，其中不乏辉瑞、强生、阿斯利康等年销售额过百亿美元的药企巨头。它们不仅生产、销售药物，还不断将利润投入到新一轮的新药研发中，为人类攻克疑难病症作出了巨大的贡献；在此过程中，企业也获得了相当可观的经济回报，实现了良性循环。在中国的医药市场上，同样存在许多注重新药研发的制药企业，然而全球销售额前十的畅销药中，却没有一种来自中国企业。对比全球，中国的医药研发投入占比较低，大多数药企仍以生产仿制药为主，创新意识较弱。前些年，在全球药企巨头的研发投入占销售额 20% 以上时，我国制药企业研发投入占比还普遍低于 10%。

近年来，我国生物医药产业规模迅速壮大，医药产业的增速显著高于其他国家，年复合增长率接近 22%，已成为全球第二大医药市场，预计 2030 年，生物医药产业占国内生产总值（GDP）的比重将达 15% 左右，成为我国经济发展的重要增长点。与此同时，我国药物创新体系建设不断加强，国家食品药品监管总局等有关部门通过一系列政策引导，给予药企和上市新药诸多优惠政策，期望推动国内药企从"仿制药生产"向"创新药研发"的转型升级。近年来，欧美国家医疗卫生预算不断缩减，新药研发成本持续攀升，医药研发的阵地逐渐转向中国、亚太及拉丁美洲等国家和地区。未来十年，中国将成为全球医药创新的重要力量，成为创新药物的引领者和推动者。但是，我国目前尚未成为医药创新强国。对此，有专家曾提道过，"建设'健康中国'，需要深入了解创新药物研发趋势，推动我国由医药制造大国向医药创新强国转变……创新药物的研发，集中体现了生命科学和生物技术前沿领域的新成就，是当前国际科技竞争的战略制高点之一，对经济发展和社会进步具有重要而深远的影响"。研发人员希望通过引入新技术、新理念和新方法来改善药物研发的现状，减少药物研发过程中出现的曲折。AI 技术或许是一种解决方法。

二、传统药物设计与开发

传统药物研发需要大量的时间与资金投入。制药公司从成功研发一款新药到新药最终上市,需要经历靶点筛选、药物挖掘、药物优化、临床试验、审批上市等阶段(图 11-1)。据统计,这一过程平均需要花费约 26 亿美元,耗时 10 年左右的时间,这些都极大地考验着研发人员的综合素质和研发经验,每一个环节都面临着极大的风险。

图 11-1　传统药物研发流程

(一) 药物挖掘

传统靶点筛选的方式是将已经上市的成熟药物与已知的人体中的一万多个靶点进行交叉匹配,从中发现新的有效结合点。这一过程往往耗费大量人力、物力,具有很大的偶然性和不确定性。药物挖掘,也可以称为先导化合物筛选,是将实验室中积累的大量有机小分子化合物,与受体或生物靶点进行组合实验或高通量筛选,寻找一种或多种潜在的具有某种生物活性的先导化合物,用于进一步的结构改造和修饰。在确定候选药物之后,通过在活体细胞、组织培养和动物模型中进行实验,以及进一步的药理学研究等来确定其进行人体试验的安全性,这一过程通常需要 3~6 年。通过这些工作,研究人员可以了解药物是如何工作的,以及可能对人体产生哪些潜在的副作用。尽管这是在早期阶段,但研究人员必须考虑最终的药物产品的摄入方式(注射或口服等)。因此,他们还必须考虑药物制剂的剂量设计,以及如何更容易地生产制造药物。临床试验更是淘汰了不计其数的候选药物,很多候选药物在最后阶段功亏一篑。2016 年 6 月,三家专业机构联

合出品的 *Clinical Development Success Rates 2006—2015*,统计分析了 2006~2015 年临床阶段的新药研发成功率,数据显示,临床Ⅰ期的成功率为 63.2%,Ⅱ期临床完成进入Ⅲ期的比例更是只有 30.7%。考虑到后续流程,累算下来,一种新药从临床Ⅰ期到最后通过批准上市销售的成功率仅为 9.6%。这意味着进入临床候选的 10 种药物中,可能最终只有 1 种能成功上市。试想一下,如果一个项目还在药物发现或成药性研究阶段,那么其成功率能达到多少呢？ 另外,从进入临床阶段开始到最终批准,对于不同治疗领域,新药研发成功率也不尽相同:成功率排名第一的是治疗血液病的新药研发,达到 26.1%;排名第二的是抗感染药物研发,成功率为 19.1%。与此同时,还有 4 个治疗领域的新药研发成功率低于平均水平,分别为神经类、心血管类、精神类和肿瘤类,其中肿瘤类药物的研发成功率仅为 5.1%,然而这四类疾病却是目前临床药物需求最为迫切的。

（二）传统药物研发手段

传统药物研发的另一种手段是"老药新用"。例如,导致了"海豹儿"事件的沙利度胺,因其免疫抑制活性,于 1998 年被美国 FDA 批准用于中度到重度麻风结节性红斑皮肤症状的急性期治疗;又因其抗血管生成活性,于 2006 年被批准与地塞米松等联合用于治疗多发性骨髓瘤。基于沙利度胺改造得到的来那度胺,早在 2005 年就被 FDA 批准用于治疗骨髓增生异常综合征,随后于 2007 年被 FDA 批准用于治疗多发性骨髓瘤,到 2013 年又被 FDA 批准用于治疗套细胞淋巴瘤。2018 年,来那度胺的年销售额达到 96.85 亿美元,比上一年度增长了 18%。

通过追踪研发专利过期的药物或者几种药物联用的方式发现新药是另一种低成本、低风险、高效率的新药研发手段。于是,一批"me too""me better"类的创新药应运而生。对此,药企无须自己寻找靶点、从零开始做化合物筛选和优化,这在很大程度上降低了药物研发的人力成本和资源成本。我国药企于 2011 年推出上市的、治疗局部晚期或转移性非小细胞肺癌(Non-Small Cell Lung Cancer, NSCLC)的特效药埃克替尼,成药理念对标相关进口药品,使其研发总成本仅为 2.5 亿~3 亿元人民币,大大低于新药研发的平均成本 26 亿美元。但它仅是一个国内的"仿制药",国际市场仍然被药企巨头占领。

三、药物智造——基于人工智能技术的药物研发

药物智造,顾名思义,就是利用 AI 技术来辅助药物的研发和制造。AI 技术目前已经在生物医药领域取得了一定的突破和发展。例如,AlphaFold2 AI 系统可对 98.5% 的人类蛋白的结构作出预测,对大部分蛋白质结构的预测与真实结构只差一个原子的宽度,达到了人类利用冷冻电镜等复杂仪器观察预测的水平。AI 引领的科技革命和产业变革也为医疗行业带来了很多令人惊喜的变化,涉及多个方面的应用,包括智能辅助诊疗、智能影像识别、智能化医疗器械、智能健康管理虚拟助理、基因解读和分析等。

AI 在药物研发领域同样发挥着重要的作用,并得到了广泛的应用。AI 正在重构新药研发的流程,大幅提升药物从筛选、发现到成功上市的概率,以及药物研制的效率。据预测,药物研发的时间和成本将有望各减少一半,大大加快研发速度,降低研发成本,提高研发成功率,真正实现从"药物制造"向"药物智造"的转型。

（一）人工智能与药物研发

目前,AI 已经涉足药物研发的不同阶段,主要包括了以下七大应用场景（图 11 - 2）: 靶点药物发现、候选药物确定、化合物合成及筛选、预测 ADMET 性质、药物晶型预测、病理生物学研究,以及药物新适应症发掘。

图 11 - 2　AI 在药物研发中的应用场景及作用

1. 靶点药物发现

现代新药的研究与开发，首先要寻找、确定和制备药物筛选靶——分子药靶。目前市面上出售的药物大多针对已知的分子靶点，发现能够作用于广泛适应证新靶点的新分子极其罕见。利用机器学习（ML）算法，能够开展组合设计并评估编码深层次的知识，通过研究靶点和小分子在体内的作用位点，从而有望找到靶点药物。2017 年，葛兰素史克（GSK）与英国的 AI 初创企业 Exscientia 达成战略合作，出资 4 300 万美元用于药物研发，针对 10 个未公开的疾病靶点发现临床候选药物。

2. 候选药物确定

利用 AI 技术，人们可以从海量的各类学术期刊论文、专利、结构化数据集中的非结构化信息，以及全球制药企业和医疗机构所积累的数据中，寻找到有用的信息和数据样本。该技术通过查找整合各类数据资源，使科学研究过程不再轻易遗漏重要信息。例如，AI 能够通过系统自动提取生物学知识，找出关联并提出相应的候选药物，进一步筛选出针对某些特定疾病有效的分子结构，从而使研究人员能够更有效地开发新药。比较典型的案例是英国的新药研发公司 BenevolentAI，它开发的 JACS（Judgment Augmented Cognition System）AI 系统，能够集中处理大量高度碎片化信息，指导临床试验的进行和数据的收集。

3. 化合物合成及筛选

2020 年，美国 FDA 共批准了 53 种新药上市，其中 38 种是小分子药物，占比超过 70%，相比生物大分子药物，化学小分子药物研发仍然是当下全球药物研发的主流。小分子活性化合物筛选的前提则是化合物的高效合成。

AI 技术在化学合成领域的应用，起源于 1967 年哈佛大学教授 Elias James Corey 提出的具有严格逻辑性的"逆合成分析原理"，以及合成过程中的有关原则和方法。利用这个原理，许多合成难度较大的、复杂的有机化合物，得以高产率地实现精准合成。Corey 还开创了运用计算机技术进行有机合成设计，1969 年，他和他的学生卫普克编制了第一个计算机辅助有机合成路线设计的程序（Organic Chemical Synthesis Simulation，OCSS），在此基础上发展出了著名的 LHASA 系统。近年来，人工智能、深度学习在有机合成化学、分析化学等领域不断产生新的应用，有望为化学领域带来革命性的变化。2018 年 3 月,上海大学 Mark Waller 团队在 *Nature* 上发表了一篇题为"利用深度神经网络和符号 AI 规划化学合成"的文章,引起了业界的广泛关注。2020 年,英国利物浦大学的研究人员在 *Nature* 上发表了一篇题为"A mobile robotic chemist"的研究论文,成功开发了一款 AI 机器人化学家。

从数以万计的化合物分子中筛选出符合活性指标的化合物,往往需要较长的时间和成本。随着蛋白质结构数量的增长和计算能力的提高,使得先导化合物的高通量计算筛选成为可能。在这方面,AI 技术可以通过开发虚拟筛选技术或利用图像识别技术,来取代或优化高通量筛选过程。通过机器深度学习技术,可以从药化、生物学的大量数据中挖掘有效信息筛选候选化合物,并准确预测它们的理化性质、成药性质和毒性风险。

4. 预测 ADMET 性质

吸收、分布、代谢、排泄性质和耐受毒性(Absorption, Distribution, Metabolism, Excretion, and Toxicity, ADMET)的预测也是指导先导化合物优化工作的关键。常用于 ADMET 预测的 AI 方法包括最邻近法、递归神经网络(RNN)、支持向量机(SVM)、随机森林(RF)和图卷积等,它们与神经网络相比具有较低的复杂度和较高的可解释性。其中一个例子是,美国 Simulations Plus 公司与数个大型制药企业合作开发的 AI 驱动的药物设计(AIDD)软件 ADMET predictor,通过整合机器学习和生理药代动力学,加速 ADMET 筛选优化。而很多 AI 新药公司,在自身开发相关算法或程序的同时,也会购买这些成熟商业软件,加速化合物优化,提高研发效率。这些公司看重的便是这些商业软件多年积累下来的准确预测,以及在与大型药企合作后获得的更强的模型适用性。

5. 药物晶型预测

小分子药物晶型的预测也可以通过 AI 技术高效地动态配置药物晶型来实现。相比传统药物晶型研发,AI 晶型预测的优势在于制药企业可以获得可能晶型的全部预测,无需担心漏掉重要晶型,同时可以更有效地挑选出合适的药物晶型,从而大大缩短晶型研发周期,减少研发成本。

6. 病理生物学研究

病理生物学(pathophysiology)是一门研究疾病发生、发展、转归的规律和机制的科学。许多疾病至今仍然尚无治疗方法或根治手段,正是因为人类对于这些疾病在病理生物学方面的研究还没有取得进展,因此病理生物学研究是医药研发的基础。通过人工智能技术辅助病理学研究,可加快病理生物学的研究进程。IBM 公司的人工智能系统 Watson 就是其中之一,它通过大量的文献学习,建立了预测 RNA 结合蛋白(RBPs)与肌萎缩侧索硬化(ALS,又称渐冻症)相关性的模型。起初,研究者将 Watson 的知识库仅限于 2013 年之前的学术出版物,而 Watson 在 2013 ~ 2017 年期间精准预测了与 ALS 相关的 4 个导致突变的 RNA 结合蛋白,证明了其模型的有效性;然后 Watson 对基因组中所有的 RNA 结合蛋白进行筛选,并成功鉴定在 ALS 发展过程中改变的 5 种新型 RNA 结合蛋白。

7. 药物新适应症发掘

不同的算法还可以为现有药物或处于后期开发中的候选药物确定新的潜在应用和治疗领域,这也是目前许多生物制药公司的首选策略。2017 年,英国公司 BenevolentAI 利用 AI 算法建模方式、深度学习和自然语言处理,对一款名为"Bavisant"的针对肌萎缩侧索硬化的失败药物进行重定向分析,证实了其对帕金森病患者日间过度嗜睡症状的潜在影响和治疗效果。

药物的重定位不仅可以降低新药物安全性测试的相关风险,同时也可最大限度地减少药物投入临床使用所需的时间。在新药研发成本动辄上亿美元的今天,AI 技术辅助的"老药新用"可帮助医药企业节省研发费用,同时还能继续挖掘已开发药物的价值。美国俄亥俄州立大学的研究人员开发了一个用于预测治疗概率,也称为倾向评分(propensity score)的深度学习模型,该模型通过对近 120 万心脏病患者的保险索赔数据进行分析和深度学习,以及对患者病情进行 2 年的跟踪,最终产生了九种被认为可以提供治疗的药物,其中用于治疗抑郁症和焦虑症的糖尿病药物——二甲双胍和依他普仑可以降低模型中患者心衰或中风的风险。

在传统药物筛选过程中,从头开始开发一款创新药可能需要 10 年以上的时间,而法国医药公司 Pharnext 借助 AI 技术创造性地发现现有药物组合,大大简化了其开发的组合疗法 PXT3003 的研发过程,并使组合疗法产生单个药物成分无法达到的治疗效果。

（二）药物智造的实现

在实际生产和应用中,制药企业为了最大化地在药物研发场景中应用 AI 技术、实现 AI 技术和药物研发目标的完美融合,主要依赖 AI 研发外包、企业内部组建 AI 研发部门和产学研合作等几种方式。

1. 人工智能研发外包

首先,AI 初创公司依靠由制药企业提供的靶点信息和研究数据建立模型。当 AI 成功筛选出潜在的候选药物后,制药公司将会根据协议进行授权或自行利用该药物开展后续研究。对于制药公司而言,这种策略灵活性高且成本较低,关键在于寻找合适的合作伙伴,严格保护制药公司整个药物开发流程中最机密的情报。近年来,辉瑞与 IBM Watson、武田制药与 Numerate 分别达成合作,利用 AI 技术为药物靶点的发现及化合物筛选环节注入新动能,缩短了新药研发时间;Sanofi 则与 Exscientia 签署了一份价值 2.83 亿美元的战略合作协议,为糖尿病和其他代谢疾病研发新疗法。此外,百时美施贵宝与 Sirenas、勃林格殷格翰与 Bactevo、GSK 与 Cloud Pharmaceuticals 也分别达成合作协议,以促进药物的研发。

2. 企业内部组建人工智能研发部门

在积极外部合作的同时,制药公司也在企业内部培养 AI 专业技能团队,并建立相关研发部门和运算平台,以提高企业运行效率并确保公司情报和机密的安全性。现阶段几乎所有制药巨头,包括辉瑞、阿斯利康、默克、礼来、葛兰素史克等,都在进行数字化转型和内部重组,以期在未来实现"人工智能+药物研发"。比如在 2018 年,诺华便通过建立大数据、数字基础和 AI 系统,用于内部文档管理、高性能计算等,完成了公司内部数字化转型战略"STRIDE"的第一阶段任务。他们的下一步计划便是实现一个由 AI 驱动的预测分析平台,以支持临床试验操作。

3. 产学研合作

学术研究是科技创新和应用发展的驱动力。许多市场上的药物,追根溯源,都是建立在化学和生物学的研究基础之上的,所以各大制药公司都很重视高校的学术研究成果。AI 技术与高校的产学研合作,能够相辅相成,在这个过程中识别的新生物靶点或有前途的先导化合物将得到进一步发展。美国 AI 公司 Atomwise 在开发其 AI 系统 AtomNet 的同时,也保持着与学术界的良好互动与合作，包括瑞典卡罗琳斯卡医学院、美国哈佛大学和加拿大多伦多大学等。

四、挑战与展望

（一）药物智造面临的挑战

尽管 AI 技术已经取得了长足的发展，并且在药物设计研发领域有了广泛的应用，但是仍有许多质疑的声音。在一项关于"机器学习是否被夸大"的调查中，有超过 45%的受访者表达了同意或强烈同意；AI 制药的融资在过去几年也过于火热，对于投资回报或风向均有极大的不确定性。另一方面，制药链本身较为漫长，目前由 AI 开发出来的新药，大多处于临床 I 期，还没有经过关键的临床 II 期或者 III 期的验证。很多药物对细胞、对老鼠或猴子等有效，但临床上对人可能就无法起效，甚至产生毒副作用。AI 发展到目前，仍然处于初级阶段，AI 只是一种技术，还不是一门科学，目前只是在技术的某些方面实现了一些突破。

即使在制药链的前期阶段，AI 技术也面临着很大的争议。许多药物化学家也对 AI 持怀疑态度，不相信奇妙、复杂的化学反应能够简单缩减为几行单调的代码；而且并不是所有的 AI 辅助研发都能成功，许多尝试都以失败告终，比如计算机生成的化合物中充斥着难以合成的结构，同时还有许多具有药理毒性或不稳定的活性基团。

AI 和药物研发的结合，与其说是对互联网（IT）技术人员的挑战，不如说是对药物研发人员的挑战。一支 AI 药物研发团队运转的基础就是要让不同专业领域的 IT 技术人员和药物研发人员能够无障碍沟通，清楚明晰对方的意图。想要真正在实现 AI 和药物研发的融合，必须相应加大研发投入，不仅要组建一支强大的跨学科人才团队，还要对团队成员开展相关领域的基础认知培训。

此外，数据共享是 AI 面临的另一个重大挑战。有专家在谈及 AI 制药的数据问题时表示："目前为止所有的数据在制药公司里，这些数据都是宝贵的财富，很少有企业愿意拿出来共享，所以造成数据使用上的浪费，尤其是对 AI 来说，AI 需要大量的数据作为支撑，所以说能不能找到有效的机制来进行数据共享，或者进行更多的数据挖掘，这是 AI 制药面对的挑战。"此外,挑战还来自 AI 驱动药物发现创新的本质。相较于传统的"渐进式创新",AI 驱动意味着现有的研发和业务流程都必须相应调整甚至重新设计,以最大化发挥 ML、大数据和云运算的协同价值,提高整个流程的运转效率。

然而,创新并不意味着好高骛远的目标。IBM 公司的 Watson 系统曾是顶着万千光环的宠儿,是 AI 领域的领先者。2015 年 Watson 进入健康医疗领域时曾许下豪言将惠及十亿人,能够解决、诊断和治疗 80% 的癌症种类中的 80% 的病患,但是 Watson 的技术水平和 IBM 公司的研发环境远远不能支撑它的雄心壮志。加上过分苛刻的使用条件、巨大的使用成本,以及坚定的封闭政策,使得如今的 Watson 已经落后于亚马逊、微软和谷歌等竞争对手。据媒体报道,IBM 公司已决定停止开发和销售药物研发工具 Watson 人工智能套件。

（二）药物智造的发展趋势和展望

AI 加持下的药物研发不仅能够显著降低研发的金钱成本和时间成本,还带来了更多患者与制药公司之间的互动,为患者带来长期的利益。虽然对于药物发现不同阶段已经有对应的 AI 技术辅助,但最终要让 AI 驱动对接整个药物研发全流程,至少还需要 5～10 年甚至更长的时间。AI 若要在药物研发中扮演更重要的角色,就需要突破瓶颈和限制,并根据现有的数据和信息,解决具体情境下所面临的具体问题。为了能够真正将化学和生物学数据用于药物发现,我们需要从"推动"产生的数据转向"拉动"数据的产生。

我国 AI 药物研发起步较晚,目前尚处在起步阶段,"人工智能 + 药物研发"初创企业的数量也落后于美、英等发达国家,但中国的药物研发行业要实现从"药物制造"向"药物智造"的转型,必然要依托 AI 技术。这就意味着,中国的药企必须在药物研发的各个阶段,开始培养自己的 AI 药物研发团队,参照跨国药企巨头走过的发展之路,探寻自己的优势和创新。这其中就包括了在企业内部建立 AI 部门或者与 AI 初创企业合作实现个体化用药,在安全价值链的各个阶段应用 AI 提高药物依从性和安全性,应用 AI 优化生产过程中的药物验证和假药识别。另一方面,对于食药监等政府职能部门来说,利用 AI 技术也能够简化临床药品的审批流程,使之更加快速、透明。

小结

AI 技术的发展和进步并不意味着它可以替代人类智慧。现代科技无法提供诸多"人为"因素,比如创造力和同理心;同样,在特定的药物研发领域,AI 技术也无法实现伦理合理性审查,以及受试者的心理和社会支持。人与机器的合作是未来大势。人类创造出一种技术,不是为了使其替代自己,而是要通过人类与技术的融合协作,创造出更多的未知和可能性,这才是技术真正的价值所在。

思考与练习

1. 药物研发包括几个阶段?
2. 举例说明 AI 的应用案例。
3. 相比于传统药物研发,基于 AI 技术的药物研发有哪些优势?
4. 简要说明 AI 技术的局限和未来发展趋势。

参考文献

[1] 曹景禹.浅谈大数据在医疗行业的应用.通讯世界,2019,26(4):3-4.
[2] 陈凯先.努力从医药制造大国向医药创新强国转变.中国科技奖励,2016,(11):6.
[3] 丁伯祥,胡健,王继芳.人工智能在药物研发中的应用进展.山东化工,2019,48(22):70-73.
[4] 孔令辉,邵黎明.展望2021:中国生物医药企业在不确定大环境中的创新机遇.药学进展,2021,45(3):222-226.
[5] 梁礼,邓成龙,张艳敏,等.人工智能在药物发现中的应用与挑战.药学进展,2020,44(1):18-27.
[6] 刘伯炎,王群,徐俐颖,等.人工智能技术在医药研发中的应用.中国新药杂志,2020,29(17):1979-1986.
[7] 刘润哲,宋俊科,刘艾林,等.人工智能在基于配体和受体结构的药物筛选中的应用进展.药学学报,2021,56(8):2136-2145.
[8] 刘晓凡,孙翔宇,朱迅.人工智能在新药研发中的应用现状与挑战.药学进展,2021,45(7):494-501.

［9］ 茅莺对,柳鹏程.药物研发领域人工智能应用与创新发展策略探讨.中国新药与临床杂志,2021,40(6)：430－435.

［10］ 齐鹏.AI 驱动,为药物研发赋能.中国医药报,2019－02－11(4).

［11］ 张田勘.寻找新冠疫情的"终结者".百科知识,2022,(7)：12－15.

［12］ A Bender, I Cortes-Ciriano. Artificial intelligence in drug discovery：what is realistic, what are illusions? Part 2：a discussion of chemical and biological data. *Drug Discovery Today*, 2021, 26(4)：1040－1052.

［13］ A Howarth, K Ermanis, J M Goodman. DP4－AI automated NMR data analysis：straight from spectrometer to structure. *Chemical Science*, 2020, 11：4351－4359.

［14］ B Burger, P M Maffettone, V V Gusev, et al. A mobile robotic chemist. *Nature*, 2020, 583：237－241.

［15］ C H Wong, K W Siah, A W Lo. Estimation of clinical trial success rates and related parameters. *Biostatistics*, 2019, 20(2)：273－286.

［16］ C W Coley, D A Thomas III, J A M Lummiss, et al. A robotic platform for flow synthesis of organic compounds informed by AI planning. *Science*, 2019, 365：eaax1566.

［17］ E J Corey. The logic of chemical synthesis：multistep synthesis of complex carbogenic molecules (Nobel Lecture). *Angewandte Chemie International Edition in English*, 1991, 30：455－465.

［18］ H M Chen, O Engkvist, Y H Wang, M Olivecrona, T Blaschke, et al. The rise of deep learning in drug discovery. *Drug Discovery Today*, 2018, 23(6)：1241－1250.

［19］ J Shen, C A Nicolaou. Molecular property prediction：recent trends in the era of artificial intelligence. *Drug Discovery Today：Technologies*, 2019, 32：29－36.

［20］ M H S Segler, M Preuss, M P Waller. Planning chemical syntheses with deep neural networks and symbolic AI. *Nature*, 2018, 555：604－610.

［21］ S Szymkuć, E P Gajewska, T Klucznik, et al. Computer-assisted synthetic planning：the end of the beginning. *Angewandte Chemie International Edition*, 2016, 55：5904－5937.

［22］ T J Struble, J C Alvarez, S P. Brown, et al. Current and future roles of artificial intelligence in medicinal chemistry synthesis. *Journal of Medicinal Chemistry*, 2020, 63：8667－8682.

（本章作者：高明春　许斌）

第十二章　纳米技术：生命科学与
　　　　　人工智能的桥梁纽带

本章学习目标

通过本章的学习，你应该能够：

1. 掌握纳米技术在生物医学中的四大应用方向。

2. 了解纳米探针在现代生物医学中的优势。

3. 概述纳米递药系统设计的三大策略。

4. 概述纳米抗菌材料的分类和抗菌机理。

5. 了解纳米组织工程的优势和应用潜力。

6. 解释纳米技术结合人工智能技术对疾病在体可视化
   诊疗的意义。

1959 年 12 月，诺贝尔物理学奖获得者 Richard P. Feynman 其题为
"There's plenty of room at the bottom"的演讲中提道：

Although it is a very wild idea, it would be interesting in surgery if
you could swallow the surgeon. You put the mechanical surgeon inside
the blood vessel and it goes into the heart and "looks" around. (of
course, the information has to be fed out.) It finds out which valve is the
faulty one and takes a little knife and slices it out. Other small machines

might be permanently incorporated into the body to assist some inadequately functioning organs.

这场被认为是纳米科技基本概念起源的演讲,提出了未来生物医学、药学等生命科学领域的假想:"吞进外科医生",即结合纳米技术与 AI 技术,实现疾病的诊断与治疗。

一、引言

"集中力量开展核心技术攻关,持续加大重大疫病防治经费投入,加快补齐我国在生命科学、生物技术、医药卫生、医疗设备等领域的短板"是实现"健康中国"战略重要步骤。同时,国家发布一系列政策,以提升我国在关键医药创新领域中的原始创新能力,促进生物技术、医疗设备、大数据及人工智能领域的融合交叉,提高国家医疗水平,维护国家生物安全。

自 21 世纪以来,全球 960 项重大科学研究方向中有 89% 与纳米科技有关。纳米科技是多学科交叉融合而成的前沿型、基础型、平台型科学,其为物理、材料、化学、能源科学、生命科学、药理学与毒理学、工程学等七大基础学科提供了创新推动力,成为人类最具创新能力的科学研究领域之一,也是变革性产业制造技术的重要源泉。

纳米(nanometer)是长度单位,同一种材料在纳米尺度与宏观尺度上的物理、化学和生物特性有很大不同。比如,纳米尺度下,低强度或脆性合金具有高强度、高延展性;化合物的化学活性可作为催化剂;半导体材料成为高效光源。在此基础上,纳米科学和纳米技术应运而生。纳米科学以尺度在 0.1~100 nm 之间的物质为研究对象,探索其特有的物理、化学、生物性质和功能;纳米技术则是通过操纵原子、分子,在纳米尺度内对材料进行修饰加工,制备出具有特定功能的纳米器件。纳米科技作为新工具,可以调控物质的属性,赋予纳米材料理想的机械、化学、电学、磁学、热学或光学性能,在生物医学、药学等生命科学领域以新兴的疾病预防、检测、成像和治疗技术构成未来医疗体系。目前我国在纳米药物治疗重大疾病(如肿瘤、心脑血管疾病等)和药物递送领域的基础研究已经处于世界前列。智能纳米药物作为一门融合了纳米科技、AI 技术、生物医学等三个领域的交叉科学,未来有望成为药物研发中的变革性力量。

二、纳米技术在生物医学中的应用

纳米技术目前已广泛地应用于疾病检测、治疗、病灶成像和疾病预防等多个领域,并取得了很多引人瞩目的成就。例如,纳米孔基因测序技术可利用电场驱动 DNA 单链穿过薄膜上的纳米孔,该过程中产生的电流对应单链上的基因编码序列。此技术较传统基因测序技术可大幅降低成本并提高检测速度。基于纳米技术的药物递送系统具有靶向优势,能让药物突破化学、解剖学和生理学方面的阻碍,抵达病变组织,促进药物在病灶位置的聚集,减少对健康组织的损害。如图 12 - 1 所示,经过精心设计的血小板仿生纳米药物可以突破血脑屏障靶向血栓部位,修复缺血性损伤神经元,提高血栓靶向溶解的准确度。

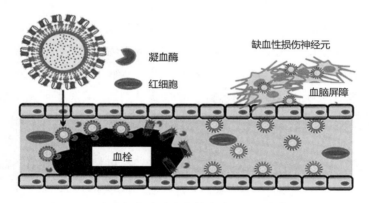

图 12 - 1　血小板仿生纳米药物突破血脑屏障,靶向血栓

注:引用自参考文献(J P Xu, et Al., 2019),版权经 American Chemical Society 许可。

面对突如其来的新型冠状病毒肺炎疫情,我国科学家利用纳米技术助力病毒性肺炎的预防、检测和治疗等。在检测方面,病毒的临床诊断主要依赖酶联免疫法、化学发光法以及纳米胶体金法。基于酶联免疫法和化学发光法定量检测的反应时间较长,而纳米胶体金检测因其具有快速出结果、不受检测场地限制的优势而被广泛应用。在治疗方面,传统抗病毒药物稳定性较差、生物利用度低,且易导致耐药性,经纳米制剂技术改造后的抗病毒药物能够有效提高药物稳定性、靶向性及生物利用度。在整个生物医学领域,纳米技术主要运用于成像检测、药物递送、抗菌和组织工程等四个方面。

（一）纳米探针

传统的探针通常是具有目标物识别功能的有机小分子,新型纳米探针结合了纳米材料特殊的表面性质、纳米尺度效应、特殊的孔结构等优点,拓宽了传统小分子体系的临床应用范围。以纳米技术为基础,成像模式的主要有四类：（1）核素类成像,如正电子发射计算机扫描（Positron Emission Eomography, PET）、单光子发射计算机断层扫描（Single-Photon Emission Computed Tomography, SPECT）、电脑断层扫描（Computed Tomography, CT）；（2）核磁共振成像（Magnetic resonance imaging, MRI）；（3）荧光成像（Fluorescence Imaging）；（4）光声成像（Photoacoustic Imaging, PAI）。

核素类成像模式可提供人体解剖结构的显影图像,多用于临床诊断器官病变。造影剂（contrast agents）,如临床小分子碘剂,通常可以增强对比度,提高检测的精度。纳米级的碘基 CT 造影剂能够改善油溶性碘剂小分子的生物相容性,并延长血液半衰期。金纳米粒子、稀土基纳米粒子、铪基纳米粒子以及铋基纳米粒子等金属基纳米 CT 造影剂相继被用于肿瘤诊断,它们可以增强 X 射线的衰减,提高图像对比度。其中稀土元素（镧系）中的镱（$Z=70$）相较于碘,对高能量的 X 射线具有显著吸收性。

核磁共振成像不依赖 X 射线,无电离辐射,更加安全,适用于对软组织成像,没有穿透深度的限制。由于人体内主要的磁性核为 ^1H（氢）,^1H-MRI 已广泛应用于核磁共振成像中,但因为正常组织与病变区域的磁共振信号变化不明显,在区分氢核含量差异不大的两者时,其精确度有待提高。因而,为增强图像对比度,实现对病变部位的灵敏诊断,可加入 MRI 造影剂。目前常用的氢核 MRI 造影剂主要分为两种：（1）阳性造影剂,即顺磁性造影剂,可增强纵向弛豫、缩短纵向弛豫时间（T1）,并且在图像上表现为亮信号,如含钆造影剂。纳米钆基磁共振造影剂兼具了 7 个单电子形成的顺磁性和纳米粒子独有的血液半衰期时间长、易于功能化等优点,其中包括 $Na:GdF_4$、Gd_2O_3 以及含钆树枝状大分子等纳米探针。（2）阴性造影剂,可增强横向弛豫,缩短横向弛豫时间（T2）,并且在图像上表现为暗信号,如含铁造影剂。纳米氧化铁磁共振造影剂具有超顺磁性或者铁磁性,可减小氧化铁的粒径可将其从超顺磁性转变为顺磁性,具有突出的 T1 - MRI 造影性能。除了氢核 MRI,异核 MRI(如^{19}F,^{23}Na,^{13}C,^{31}P)技术中的^{19}F 核的灵敏度仅次于^{1}H - MRI(灵敏度为^{1}H - MRI 的83%),是最有应用潜力的成像核。另外,生物体内的^{19}F 主要以固体的形式存在于骨骼和牙齿中,几乎不受内源背景信号干扰。因此,根据^{19}F - MRI 的"热点"图像与^{1}H - MRI 所提供的解剖学细节进行叠加,可以达到揭示成像组织中的解剖特征的目标。

荧光探针的发射处于近红外(Near-Infrared,NIR)区域时,可将其与生物体内的芳香氨基酸等生物分子的荧光信号区分开来,从而提高荧光成像分辨率,避免生物自体荧光干扰。如图 12 - 2 所示,由于传统的荧光成像技术组织穿透深度仅有几厘米,科学家们使用光纤导出活体内的荧光信号,并在仪器屏幕上形成检测的图像。此外,近红外二区(NIR - II,1 000 ~ 1 700 nm)吸收的荧光探针在生物组织透明窗口处进行荧光成像,

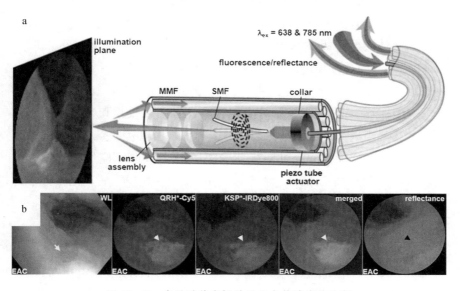

图 12 - 2 多通道荧光探针用于食管腺癌的诊断

注:引用自参考文献 J Chen, et Al., 2021, 版权经 BMJ Publishing Group Ltd. & British Society Gastroenterology 许可。

可以显著降低光子在生物组织中的吸收和散射,避免或消除生物自体发光所带来的背景干扰,从而具有更高的分辨率、更好的成像信噪比和更深的组织穿透深度。此外,某些具有特殊光学性质的纳米材料,如量子点(InAs、InP、PbSe、PbS、CuSe、CuTe、Ag_2Se、Ag_2S 等),自身具有发光和光吸收性能,科学家可以通过控制量子点的纳米尺寸来调节其对光的吸收和发射波长。单独的量子点具有一定的潜在的生物毒性,通常需要在其表面包覆一层具有良好生物相容性的外壳,以免有毒金属粒子泄露。第一个被用于近红外二区荧光成像的量子点是 Ag_2S,它的荧光发射峰达到 1 300 nm,荧光量子产率高达 15.5%。镧系元素具有特殊的电子轨道,其中 NaYF4:Yb/Ln 是第一类用于近红外二区荧光成像的稀土掺杂纳米粒子。部分传统的 NIR-I 有机小分子荧光探针,如吲哚菁绿(Indocyanine Green, ICG)、IR-783 等表现出媲美常规 NIR-II 探针的优异成像性能,常与用于 NIR-II 成像的纳米荧光探针,如单臂碳纳米管、量子点、稀土掺杂纳米粒子以及有机荧光探针联合使用。

光声成像具有光学成像的高灵敏度和声学成像的深组织穿透能力,比荧光成像具有更大的深度剖面,比超声成像具有更高的空间分辨率,可以实现活体内分子级别的成像。光声成像通常使用近红外范围的激光(650~900 nm)检测超声波信号,可穿透 50 mm 的深度,保证其最小限度地在组织中衰减,从而得到不同尺度下的高分辨率图像。量子点、有机小分子、碳纳米管和金纳米粒子等由于具有良好的光吸收和光热转换效率可以作为光声成像造影剂。然而各种造影剂都有其优缺点:虽然金属纳米粒子的光学性能优异且可调节,但仍需解决其在临床应用的安全性问题;具有可修饰的多功能性和相对较低成本的有机材料,尤其是小分子材料,其光稳定性还有待进一步提高。

（二）纳米递药系统

根据其设计思路,可将纳米递药系统分为三类:（1）自上而下的生物信息利用,使用或改造具有生物来源的天然纳米材料,如蛋白复合物、细胞外囊泡(Extracellular Vesicles, EVs)、多巴胺或黑色素纳米载体、生物膜仿生载体;（2）自下而上的分子自组装,基于病灶微环境特点设计生物环境响应性纳米载体;（3）将以上两者结合,整合成复合载体,使其同时具有纳米载体与生物载体的优势。

受到马达蛋白、胞外囊泡等天然递药载体的启发，科学家们选择自上而下的策略，利用天然蛋白的疏水空腔装载小分子药物，通过调控 ATP 和 pH 引起的蛋白变构以及蛋白与其配体的相互作用实现药物的靶向释放。由于空腔尺寸的限制，蛋白纳米载体包载大分子药物的难度较大，而内涵体胞分泌的 EVs 和由质膜脱落的微颗粒可以通过电穿孔或基因工程的方式携载药物。EVs 能携带细胞的生物信息，介导与特定的细胞类型相互作用，是一种有潜力的天然纳米递药系统。除此之外，细菌膜、细胞膜与其生理效应紧密相关，通过提取细菌膜或细胞膜并与人工合成的纳米颗粒联合制备的纳米递药系统可同时实现药物递送、免疫刺激和毒素清除。但是，在囊泡或生物膜包被纳米递药系统制备时，蛋白成分和磷脂的改变可能会降低药物递送效率以及药理作用。此外，这类纳米递药系统常常缺乏响应性能，难以实现药物可控释放。因此，研究人员将自上而下和自下而上的两种策略相结合，融合各自的优势。其中之一就是结合具有刺激响应能力的纳米自组装体与天然膜结构，以整合响应和靶向优势。另一种相对复杂的策略是在细胞或细菌的表面加载纳米递药系统。目前，纳米载体在病灶处的特异性聚集主要依靠被动捕获，即通过设计相应蛋白修饰的特定尺寸的纳米载体，使其通过蛋白间的相互作用而停留在病灶处。在某些研究中，研究人员尝试利用酶促、化学以及超声空化产生气泡的方法作为体内的纳米载体推进剂，以增加在病灶部位的渗透深度，但同时也存在着其运动方向无法控制、运动时间较短等问题，且通过磁场来控制纳米载体的定向移动也会受到磁场精度的限制。因此，纳米递药系统还不能像细胞一样，利用浓度梯度作为趋向因子主动向病灶区富集。如果将两者结合，在细胞或细菌表面负载纳米粒子，那么既能实现通过细胞或细菌提供靶向和动力，又能实现纳米粒子负载药物进行灵敏响应，例如，趋磁细菌可沿着磁感线方向和氧气梯度朝乏氧区域移动，将纳米粒子引导至肿瘤组织的核心；T 细胞表面负载的纳米粒子能够响应由 T 细胞受体激活而引起的细胞表面巯基水平的升高，释放药物增强或抑制免疫。不过这一策略也存在着纳米颗粒的免疫原性和早期内吞等问题。随着对生理学、病理学、材料学和生物学的进一步理解，使用或模拟天然的效应器与感应器构建纳米递药系统,可达到自上而下与自下而上两种策略的统一。

自下而上的分子自组装侧重于化学和材料学原理,基于病灶处的内外源刺激设计的可脱离/降解壳层、可电荷反转、敏感键断裂等可对纳米递药系统的药物释放进行时空上的控制。特定的敏感和靶向分子可通过 pH 响应、谷胱甘肽(Glutathione,GSH)响应、活性氧(Reactive Oxygen Species,ROS)响应、温度响应和乏氧响应等功能实现病灶特异性富集。除分子级别的纳米颗粒自组装外,其在光学、力学与化学刺激作用下的二次组装与解组装可通过在血栓或肿瘤部位的粒径变化延长病灶区域的滞留时间。此外,DNA 折纸纳米载体技术可通过调控 DNA 折纸纳米载体的核酸序列、分子锁数量及位置和核酸适配体单链来响应疾病的相关蛋白标志物水平,从而实现对药物释放的正负反馈。

理想的纳米递药系统经过体内长循环自发或在引导下到达病灶,通过精准识别疾病特异性标志物在不同的病理环境下释放对应的报告分子与药物。载体表面的抗体片段、多肽、核酸适配体和叶酸等小分子用于介导纳米递药系统在病灶区的主动聚集,并可与靶细胞结合。如图 12-3 所示,在疾病相关特异性升高的生物标志物、疾病微环境中的氧化/还原反应、pH、乏氧、血流剪切力、酶等理化特性以及外部施加的热、声、光、电、磁信号的刺激下,纳米载体实现了结构变化和载物的可控可逆释放。

(三)纳米抗菌材料

病原微生物会引起微生物感染甚至交叉感染,虽然抗生素的使用能够抑制一定程度的细菌感染,但细菌的耐药性也随之不断增强。为了抑制细菌的生长增殖或直接杀死细菌,科学家们开发了一系列抗菌材料。抗菌材料的抗菌效果一般可通过检测抗菌材料对典型的病原类细菌的抑制和杀灭效果,如金黄色葡萄球菌(*S.aureus*)、大肠杆菌(*E.coli*)、表皮葡萄球菌(*S.epidermidis*)、铜绿假单胞菌(*P.aeruginosa*)、变形链球菌(*S. mutans*)、鼠伤寒沙门菌(*S. typhimurium*)、哈维氏弧菌(*V.harveyi*)及粪肠球菌(*E.faecalis*)等。

1. 金属类抗菌材料

含有 K^+、Na^+、Ca^{2+}、Mg^{2+}、As^{3+}、Ag^+、Hg^{2+} 等离子的金属、金属盐和金

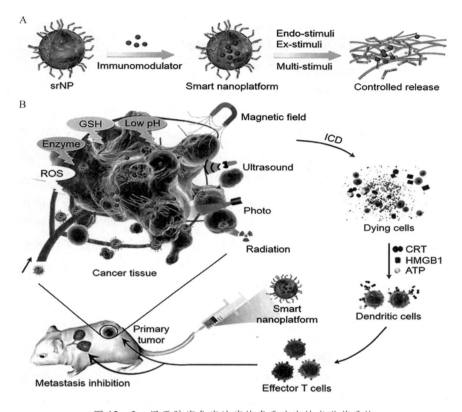

图 12 - 3 用于肿瘤免疫治疗的多重响应纳米递药系统
（引用自参考文献 J Zhang, et Al., 2022）

属纳米晶体对大多数细菌都呈现出毒性,主要是通过配位相互作用影响细菌中酶的活性或者破坏其 DNA 的结构。金属纳米晶体材料与细菌膜直接接触杀灭细菌的同时,也会残留在细菌膜表面而造成环境污染。相比之下金属离子虽然不会直接污染或破坏环境,但它们与细菌膜之间的非特异性相互作用,在一定程度上会对环境造成间接污染。因此,增强金属离子和细菌膜的特异性相互作用,有望降低金属类抗菌材料的副作用并且降低对环境的污染程度。

2. 抗生素与抗菌肽

抗生素主要作用于细菌的基本生存过程,如细菌细胞壁生成或细菌RNA 和 DNA 转译等。但与此同时,抗生素的长期和过度使用也促使细菌进化和突变,产生耐药性。提高抗生素的递送效率是克服细菌感染的策略之一,如运用一些细菌响应性的纳米材料递送抗生素,引导抗生素在细菌感染部位富集,提高抑菌效果。

采用抗菌肽替代抗生素是克服细菌感染的另一策略。抗菌肽除了具有独特的杀菌作用外,还能够抑制生物膜的形成并破坏现有的生物膜,部分还兼具抗炎和抗癌作用。目前已有 70 种抗菌肽进入药物开发渠道,其中粘菌素、多粘菌素 B、万古霉素、格列美汀、杆菌肽、达托霉素、恩福韦肽和特拉普韦等 8 种抗菌药物已获得 FDA 批准。但目前抗菌肽仍存在肾功能损害和中枢神经系统毒性等副作用。除此之外,目前绝大多数的抗菌药物都是通过局部给药或静脉注射进入人体,只有 3 种腺苷酸候选物(苏托霉素、雷莫拉宁和 NVB‒302)可用于口服给药。利用纳米技术实现抗菌肽的高效靶向递送,不仅可以提高其抗菌效果,而且还能降低抗菌肽的毒副作用。

3. 阳离子聚合物

阳离子聚合物的抗菌机理主要有以下几方面:吸附在细胞壁上;扩散穿透细胞壁后与细胞膜结合;破坏细胞膜的完整性;泄漏细胞内物质如 RNA、DNA、K^+,最终导致细菌死亡。常用的阳离子聚合物有甲壳素和壳聚糖、季铵盐类聚合物、N‒卤代胺类聚合物、膦盐和锍盐类聚合物、胍盐类聚合物、抗菌水凝胶等。目前针对壳聚糖的抗菌机理存在多种解释,其中包括破坏细胞膜的完整性、抑制细菌的新陈代谢、结合细菌 DNA 来抑制细菌 RNA 的合成,这些机理也可能同时发生。此外,细菌会对季铵盐类的抗菌剂产生一定的耐受性,这种耐受性虽然能为细菌提供保护,但若任由其发展,可能会对季铵盐类抗菌剂的抑菌效果产生持续影响。因此,尝试不同抗菌剂间有效复合的研究,对于适应不同耐药机制的微生物具有重要意义。

4. 光诱导(光动力、光热)抗菌材料

光动力学治疗(Photodynamic Therapy, PDT)主要利用适当的光源激发光敏剂产生活性氧,对周围的生物大分子如蛋白质、核酸和磷脂造成氧化性破坏进而抑制细菌繁殖。PDT 的优势在于其具有非侵入性、广谱抗菌性以及不易使细菌产生耐药性。单线态氧 $^1O_2$ 的氧化能力较其他单线态分子有较大的提高,它作为氧的一种高度反应性形式,是最具破坏力的活性氧之一。在实际临床治疗中,常用的光敏剂材料如卟啉、酞菁、吲哚菁和吩噻嗪类等都是具有高度共轭刚性平面结构的大环化合物。

光热治疗(Photothermal Therapy, PTT)利用光热转换剂在光照条件下产生的局部高温而杀灭病原体,主要分为三个阶段:(1)在静电、疏水或氢键等强特异性相互作用的帮助下,光热转换剂特异性吸附于细菌表面,避免对正常组织的副作用;(2)光照转换剂受特定激光照射将光能转换为热能,使细菌表面的局部温度升高;(3)当温度升高至50℃以上时,细菌表面的酶失活变性,进而停止其在细胞内反应并诱导细菌死亡。

相较于传统的抗生素疗法,PDT与PTT显示出诸多优点,例如,较长的激发波长赋予其更深的组织渗透性,通过控制特定区域和光照强度能够减少治疗过程对机体和组织的副作用,并且不会使细菌产生耐药性。但在实际应用中,需要增强细菌与光热剂之间的特异性相互作用,提升光热剂的光热转换效率,提高光敏剂在水中的溶解度并避免其在生理环境中聚集等问题。如图12-4所示,具有优异的PDT/PTT效果的纳米自组装体能够提高其光诱导抗菌效率,并用于治疗细菌感染。

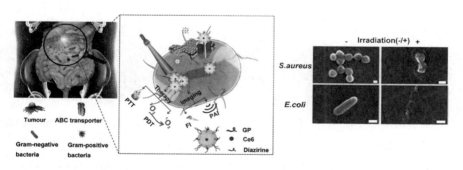

图12-4　光诱导抗菌材料的抑菌原理(引用自参考文献 YM Yang, et Al., 2022)

(四)纳米组织工程

纳米组织工程学是将纳米科技和组织工程学有机结合,从原子、分子水平认识细胞和组织的基本结构及其与功能的关系,设计出具有特殊性能的仿生纳米材料和装置,以恢复、维持或改善损伤组织的功能。细胞内的核糖体是按照基因密码的指令安排氨基酸顺序制造蛋白质分子的纳米加工体;高尔基体是给新制造的蛋白质进行修饰的纳米车间;加工好的蛋白质还会被贴上标签送去水解成氨基酸再备用。细胞的生命过程就是按照 DNA 分子中的基因密码序列指令井然有序地替换更新一批又一批功能相关的蛋白质组群。纳米组织工程学的最终目标是充分了解原子和分子的性质尤其是原子、分子间相互作用的本质,直接用原子和分子来设计、控制、制造能形成特定形状和功能的组织。纳米组织工程的首要任务是在纳米尺度上利用扫描探针显微镜(包括扫描隧道显微镜 STM 及扫面探针显微镜 SPM)、纳米生物探针、生物芯片(包括基因芯片、蛋白质芯片和细胞芯片)等技术,从原子、分子水平揭示真核细胞基因组的结构及功能调控,基因产物如何构建成细胞结构,如何调节和行使细胞功能等,以细胞、组织和器官的结构及其与功能的关系为基础,从科学认识发展到工程技术,设计制造大量的具有特定功能的仿生纳米材料和装置,如纳米细胞、纳米组织及器官等,调控种子细胞的生物学行为如特异性粘附、增殖、定向分化,为仿生纳米材料和装置的功能替代奠定基础。

人体内大部分组织和器官被认为是由一定种类和数量的结构相似、功能相近的细胞和细胞外基质(Extra Cellular Matrix,ECM)共同构建的复杂多级结构复合体。ECM 可以调控细胞形态,通过特异性粘附、增殖、定向分化等生物学行为决定移植的组织能否与机体很好地融合、适应,并修复病损组织的功能。纳米组织工程支架主要用于模拟病损组织的 ECM 的成分、结构和功能,并将其作为种子细胞的载体,建立由细胞核仿生"智能"机制材料构成的三维空间复合体,并将细胞运送到人体内的特定位置,并在毫米、微米和纳米范围内调控细胞的生长发育过程:(1)工程组织的形状和大小在毫米(mm)尺度之间;(2)基质材料的孔径为微米(μm)尺度,可控制细胞的迁移和生长;(3)纳米(nm)材料的表面理化特点影响细胞的黏附与基因的表达,且生长因子等组织诱导因子的微观调控能够增殖和定向分化特定的组织,具有良好的生物学活性,实现理想的功能替代。

如图 12-5 所示,采用纳米纤维制备的心脏贴片具有良好的机械强度和弹性,能够完美贴合心脏扩张和收缩。因而,对于构成组织工程支架的纳米材料有以下要求:(1)具有模拟 ECM 的功能,纳米材料的表面有助于细胞的黏附、增殖和分化，且具有良好的生物相容性、细胞募集能力以及细胞亲和性，不会引起机体的免疫排异反应。（2）植入体内后，支架具有生物可降解性及降解可调控性，可以随着新组织或器官的形成被降解、吸收，以匹配新生组织的形成速度。（3）具备良好的机械强度和一定的可加工性能以满足目标支架的设计要求：植入体内后可保持自身形状、保证新生组织的外观、恢复缺损组织的部分功能。（4）具有相互连通的孔结构、合适的孔径、高达80%的孔隙率及较高的比表面积，有利于细胞和新生组织的生长、营养物质的进入、代谢产物的排出以及新生组织中的血管化等。

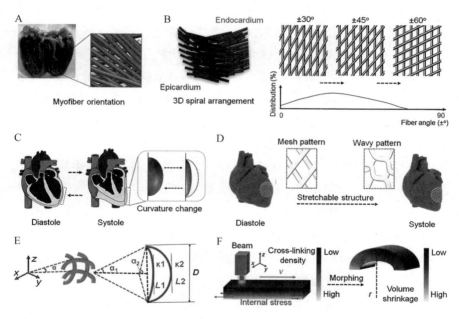

图 12-5　纳米纤维制备的心脏贴片用于治疗心肌梗死
（引用自参考文献 HT Cui, et Al., 2020）

三、疾病诊疗的可视化与量化

在临床治疗模式中，纳米技术与 AI 技术相辅相成，促进了多模态诊疗新模式。纳米技术充当了外科医生的"眼和手"，帮助医生开展病灶部位的诊断与治疗，AI 技术作为外科医生的"中枢神经系统"，帮助医生开展疾病分型并形成相应的诊疗方案。目前，AI 对感觉信息进行有效理解的能力越来越强，已在许多领域取得成功运用。在临床应用中，AI 已被应用于肺结节的筛查及儿童骨龄测算，而且随着技术的全面开发，AI 辅助诊疗的研究也日趋增加，如药物筛查、DNA 和 RNA 测序数据分析、医学诊断成像、患者的远程监控及虚拟助手和可穿戴设备的使用等。对于如影像学、病理学、皮肤病学以及眼科学等更加依赖医学图像的专业，AI 的潜力更为巨大。但是 AI 技术也面临着缺乏有效的外部验证、难以提高模型的泛化能力、实验设计不够规范等问题。

（一）多模态-跨尺度纳米探针

纳米技术与 AI 的交叉有望解决 AI 技术的诸多难题，开创智能诊疗新时代。如多模态-跨尺度纳米探针，其优势在于：清晰明辨健康组织、病变组织和间质之间的界限，整合基因组学、生物学、医学等领域创新资源，发现具有诊断和预后预测功能的生物标志物，探索新的治疗靶点，最终实现疾病预测、预防和个体化医疗。疾病演进过程中分子种类众多、时空异质性强、相互作用机制复杂。通过纳米探针将疾病特异性的分子靶标标记出来，并利用 AI 等量化分析方法关联宏观影像的定量特征来体现疾病分型本质。例如，使用 AI 技术确定 CT 图像的 28 个影像学特征即可重建 78% 的肝癌全基因表达谱，将肿瘤可视化影像定量特征与多种免疫反应分子（ctDNA、MSI、TMB、EGFR、erb－B2、PARP1）活动关联，预测患者的免疫治疗效果及预后，从而实现基于 AI 的可视化影像量化分析向分子生物学的离体分析发展，有效提升临床诊疗效果。

（二）人工智能量化分析

影像组学已在 CT、PET/CT、MRI 等基础上应用于肺癌、直肠癌、膀胱癌、乳腺癌等多种肿瘤的定量分析，能够从影像、图像中获取大量的定量特征以满足临床研究的需求，具有无创性、可重复性、廉价性等优点且能够反映肿瘤内部的异质性。如图 12－6 所示，AI 量化分析乳腺 B 超的图像，标记恶性和良性特征，能够有效降低 B 超检查的假阳性。在大数据和图像处理方面，深度卷积神经网络（DCNN）结构简单，适用于影像学与病理学的医学图像处理和模式识别。这种关联成像特征和基因表达的算法原则上可以应用于任何疾病状态和成像方式（如 PET/CT、MRI 或其他成像方法）。作为突破,AI量化分析可以将回顾性影像量化分析研究趋向于前瞻性影像量化分析研究,将小样本数据量化分析趋向于大样本数据量化分析,将单模态影像量化分析趋向于多模态影像量化分析,将单组学影像量化分析趋向于多组学影像-病理-基因分析。

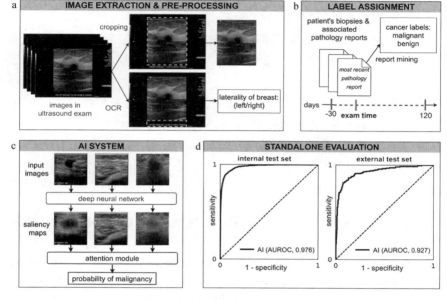

图 12-6　AI 系统减少乳腺超声检查中的假阳性结果
（引用自参考文献 YQ Shen, et Al., 2021）

小结

　　智能纳米药物不仅可以响应光、声、热、电、磁等信号的刺激并报告其所在位置或状态,还可以通过基于图像引导的病灶局部纳米材料的变构释放、暴露药物或产生声、热以及自由基来治疗病灶,并监测治疗进程,对其体内分布和代谢动力学行为进行可视化。同时,结合 AI 技术对生物体的样本进行分析,可确定疾病分型和诊疗方式。目前,智能纳米机器面临的关键挑战是工业生产合成与实验室小体系在动量、热量和质量传递过程等方面的不同,从小体系扩大到量产的过程中存在着许多未知风险。同时,在临床应用中对纳米药物的批次间稳定性和均一性也有更高的要求,因此在设计纳米药物时需要平衡功能性和复杂性两方面,筛选出智能纳米药物转化过程中更合适的适应证和患者。

思考与练习

1. 纳米技术对生物医学发展的意义是什么?
2. 医用纳米材料的主要分类有哪些?
3. 举例说明人工智能技术在医学中的应用。
4. 医用纳米材料与人工智能的结合需要遵循哪些原则?

参考文献

［1］ 樊春海.DNA 纳米技术进展.科学通报,2019,64(10):987-988.

［2］ 耿介,张鸿祺.人工智能技术在颅内动脉瘤诊疗应用中的研究进展.中国脑血管病杂志,2021,18(7):477.

［3］ 李素萍,陆泽方,聂广军,等.智能纳米机器用于重大疾病治疗的研究进展.中国科学基金,2021,35(2):195.

［4］ 习近平.构建起强大的公共卫生体系为维护人民健康提供有力保障.求是,2020,18.

［5］ C F Lu, F T Hsu, L C H Kevin, et al. Machine learning-based radiomics for molecular subtyping of gliomas. *Clinical Cancer Research*, 2018, 24 (18), 4429-4436.

［6］ F F Wang, H Wan, Z R Ma, et al. Light-sheet microscopy in the near-infrared II window. *Nature Methods*, 2019, 16:545-552.

［7］ H T Cui, C Y Liu, E Timothy, et al. 4D physiologically adaptable cardiac patch:A 4-month in vivo study for the treatment of myocardial infarction. *Science Advances*, 2020, 6:eabb5067.

［8］ H Y Wang, D Q Zhu, P Alexandra, et al. Covalently adaptable elastin-like protein-hyaluronic acid (ELP-HA) hybrid hydrogels with secondary thermoresponsive crosslinking for injectable stem cell delivery. *Advanced Functional Materials*, 2017, 1605609.

［9］ H Zhu, J L Fan, J J Du, et al. Fluorescent probes for sensing and imaging within specific cellular organelles. *Accounts of Chemical Research*, 2016, 49:2115-2126.

［10］ H Z Yan, D Shao, Y H Lao, et al. Engineering cell membrane-based nanotherapeutics to target inflammation. *Advanced Science*, 2019, 6:1900605.

［11］ J Chen, Y Jiang, T S Chang, et al. Thomas D Wang; Multiplexed endoscopic imaging of Barrett's neoplasia using targeted fluorescent heptapeptides in a phase 1 proof-of-concept study. *Gut*, 2021, 70: 1010 – 1013.

［12］ J P Xu, X Q Wang, H Y Yin, et al. Sequentially site-specific delivery of thrombolytics and neuroprotectant for enhanced treatment of ischemic stroke. *ACS Nano*, 2019, 13, 8: 8577 – 8588.

［13］ J Tian. The next-level precision medicine in cancer management using artificial intelligence. *Artificial Intelligence & Precision Oncology*, 2021, 36(3): 171 – 172.

［14］ J Zhang, Y D Lin, Z Lin, et al. Stimuli-responsive nanoparticles for controlled drug delivery in synergistic cancer immunotherapy. *Advanced Science*, 2022, 9: 2103444.

［15］ L L Long, M Y Huang, N Wang, et al. A mitochondria-specific fluorescent probe for visualizing endogenous hydrogen cyanide fluctuations in neurons, *Journal of the American Chemical Society*, 2018, 140: 1870 – 1875.

［16］ M Alberto, M Federica, M Albertoet al.Tumour-associated macrophages as treatment targets in oncology. *Nature Reviews Clinical Oncology*, 2017, 14: 399.

［17］ P F Richard. There's plenty of room at the bottom.1959.

［18］ Q Cheng, T Wei, F Lukas er al. Selective organ targeting (SORT) nanoparticles for tissue-specific mRNA delivery and CRISPR-Cas gene editing. *Nature Nanotechnology*, 2020, 15: 313 – 320.

［19］ R Li, S C N Thomas, J W Stephanie, et al. Therapeutically reprogrammed nutrient signalling enhances nanoparticulate albumin bound drug uptake and efficacy in KRAS-mutant cancer. *Nature Nanotechnology*, 2021, 16: 830 – 839.

［20］ S Ankur. Eliciting B cell immunity against infectious diseases using nanovaccines. *Nature Nanotechnology*, 2021, 16: 16 – 24.

［21］ S X Huang, D Lei, Q Yang, et al. A perfusable, multifunctional epicardial device improves cardiac function and tissue repair. *Nature Medicine*, 2021, 27: 480 – 490.

［22］ S Y Liu, X Chen, L L Bao, 21et al. Treatment of infarcted heart tissue via the capture and local delivery of circulating exosomes through antibody-conjugated magnetic nanoparticles. *Nature Biomedical Engineering*, 2020, 4: 1063 – 1075.

［23］ W Jiang, A V R Christina, Y X Chen, et al. Designing nanomedicine for immuno-oncology. *Nature Biomedical Engineering*, 2017, 1: 0029.

［24］ W Mu, L Jiang, J Y Zhang, et al. Non-invasive decision support for NSCLC treatment using PET/CT radiomics. *Nature Communications*, 2020, 11: 5228.

［25］ Y Fan, P Y Wang, Y Q Lu, et al. Lifetime-engineered NIR-II nanoparticles unlock multiplexed in vivo imaging. *Nature Nanotechnology*, 2018, 13: 941 – 946.

［26］Y Liu, R Guo, L L Wu, et al. One zwitterionic injectable hydrogel with ion conductivity enables efficient restoration of cardiac function after myocardial infarction. *Chemical Engineering Journal*, 2021, 418: 129352.

［27］Y M Yang, B B Chu, J Y Cheng, et al. Bacteria eat nanoprobes for aggregation-enhanced imaging and killing diverse microorganisms. *Nature Communications*, 2022, 13: 1255.

［28］Y Q Shen, E S Farah, R O Jamie, et al. Artificial intelligence system reduces false-positive findings in the interpretation of breast ultrasound exams. *Nature Communications*, 2021, 12: 5645.

［29］Y T Zhong, Z R Ma, F F Wang, et al. In vivo molecular imaging for immunotherapy using ultra-bright near-infrared-IIb rare-earth nanoparticles. *Nature Biotechnology*, 2019, 37: 1322 – 1331.

［30］Z H Hu, C Fang, B Li, et al. First-in-human liver-tumour surgery guided by multispectral fluorescence imaging in the visible and near-infrared-I/II windows. *Nature Biomedical Engineering*, 2020, 4: 259 – 271.

（本章作者: 陈雪瑞　邱艳）

后　记

　　"生命科学的发展离不开技术的进步和创新。智能技术的进步对生命健康和生物医学领域产生了重大影响。"人工智能不断发展、进化、衍生,尝试利用机器学习并代替人类部分脑力劳动以及体力劳动,有望提高人类战胜疾病的能力,进而推动人类进入智能医疗时代。

　　"生命智能"是上海大学大工科人工智能系列的最后一门课程,其开设离不开顾骏教授和顾晓英教授的悉心付出,从课程设计到第一轮课程的讲授,再到超星平台的录制,均是由两位教授共同完成的。时任上海大学生命科学学院党委书记沈忠明、陈沁教授,办公室主任王伟博士等都为该课程的开设提供了巨大的支持和帮助。在我心中,"生命智能"是一门具有重要意义的课程,是对一段经历的纪念。"生命智能"这一门课程之所以能够开设,源于我有幸参与了"创新中国"的教学。非常感谢学校!感谢顾晓英教授!2015年,在我还是副教授时,有幸参与到上海大学"大国方略"系列课程之"创新中国"的开设中,与上海大学一批杰出的教授们同向同行,并认识了顾骏教授,在我迷茫和困惑时他给予了我很多的指导和帮助。千言万语,难以言表!

　　本教材以人工智能的医学应用为出发点,着重强调人工智能在医学诊疗领域的潜力和发展趋势,注重典型性、实用性和可读性,旨在向当代大学生传递科学发展与技术创新的理念与意义,促进学生对智能医疗发展的认知,增强其责任感和使命感。本教材分别梳理了人工智能技术在医学检验、手术治疗、代谢组学分析等诊疗方面的应用价值,具体介绍了人工智能技术在治疗膀胱癌、神经退行性疾病、心脑血管疾病、心理疾病以及在脊柱外科手术等应用场景中的优势,并拓展延伸了如何在人工智能技术的帮助下系统开展药物研制、智能皮肤和纳米医学等研究。希望本教材所反映的教育思想、理念和观念能够抛砖引玉,引发学生的思考、讨论和争鸣。

本教材获得了 2021 年度上海高等学校一流本科课程、2020 年度上海高等学校市级重点课程和 2021 年度上海大学本科教材建设项目的资助,在此深表谢意。同时也非常感谢上海大学出版社傅玉芳老师的耐心帮助与包容,使这本教材得以成形。本教材参考多部智能医学相关论著,吸纳了许多专家学者的观点,列举了具有代表性的研究成果,每一章所附参考文献均是本书的主要参考论著,由于篇幅有限,所有参考文献无法一一列出,敬请见谅! 谨向本书所引用的教材、专著、论文的编著者和作者致以诚挚的谢意! 虽经多次修改,但由于资料、编者水平及其他条件的限制,难免会有疏漏、不足之处,敬请专家们批评指正!